A Steve Jobs

INSTANT MATEMATICA

DALLE POTENZE ALLE EQUAZIONI: UN METODO INNOVATIVO
PER USARE I NUMERI DIVERTENDOSI

Testi: Elena Del Conte e Marco Del Conte
Illustrazioni: Nicola (Nick) Tibiletti
Consulenza sui contenuti: Michele Cerulli
Progetto grafico e impaginazione: aemme studio (VR)
Progetto grafico della copertina: Cristiano Garonzi

Redazione Gribaudo
Via Garofoli, 262
37057 San Giovanni Lupatoto (VR)
redazione@gribaudo.it

Responsabile editoriale: Franco Busti
Responsabile di redazione: Laura Rapelli
Editing: Claudia Presotto
Responsabile grafico: Meri Salvadori
Fotolito e prestampa: Federico Cavallon, Fabio Compri
Segreteria di redazione: Daniela Albertini

FSC
www.fsc.org
MISTO
Carta
da fonti gestite in
maniera responsabile
FSC® C101934

Stampa e confezione: Grafiche Busti srl, Colognola ai Colli (VR),
azienda certificata FSC®-COC con codice CQ-COC-000104

Via Natale Battaglia, 12 - Milano
info@gribaudo.it
www.gribaudo.it

Prima edizione: 2013 [1(F)] 978-88-580-0770-9

ELENA **DEL CONTE** - MARCO **DEL CONTE**

INSTANT MATEMATICA

DALLE POTENZE ALLE EQUAZIONI:
UN **METODO INNOVATIVO**
PER **USARE I NUMERI** DIVERTENDOSI

GRIBAUDO

Perché scegliere *Instant matematica*...

Ho sempre sostenuto che il miglior metodo di insegnamento sia quello basato sulla giusta miscela tra semplicità, logica, buonsenso e umorismo e che questa formula magica, principale causa del tanto successo riscosso dal mio libro *Instant English*, fosse applicabile a tutte le discipline scolastiche. *Instant matematica* ne è la conferma!

Non esiste materia che abbia bisogno di essere alleggerita più della matematica, causa dei miei più grandi fallimenti! Non ricordo nemmeno quanti pessimi voti ho collezionato proprio per non essere mai stato bravo in matematica, forse anche perché non ho mai avuto un insegnante che sapesse accendere in me il fuoco dell'interesse per la materia.

Certo, non è facile scrivere con ironia un testo di matematica e per questo ci vogliono gli autori giusti!

Una sera di non molto tempo fa il mio caro amico Marco, mentre eravamo a cena nella pausa tra le prove e la registrazione della trasmissione Zelig, mi raccontò che sua sorella Elena aveva letto il mio libro e voleva a tutti i costi scriverne uno a quattro mani con lui, un libro volto a insegnare la matematica con la stessa facilità e spensieratezza con cui io avevo insegnato la lingua inglese a centinaia di migliaia di persone.

Mentre Marco, con aria un po' sconsolata, mi raccontava queste cose io al contrario pensavo: «Se Elena è in grado di centrare l'obbiettivo, con suo fratello che è un ottimo autore comico, chissà cosa viene fuori!». E non mi sono sbagliato, fidatevi, anch'io che di matematica capisco poco ho fatto gli esercizi e, malgrado il mio lavoro sia anche quello di far divertire, questa volta ho riso io!

John Peter Sloan

Come nasce *Instant matematica*?

Non è facile raccontare come mi sia balenata l'idea di cimentarmi in un'impresa così impegnativa: tenterò con l'aiuto di uno schema e di mio fratello Marco di farvi capire come siano andate le cose...

Una notte mi sono svegliata con una colica renale:
calcolo bloccato nell'uretere, io bloccata a casa.

↓

Il colmo per un'insegnante di matematica: avere i calcoli che, oltretutto, sono anche un controsenso, te li sottraggono con una operazione, ti dividono da loro e non li vedi più.

Va beh, dicevamo: mi sveglio in preda a una colica
e mi metto a leggere un libro.
Il libro è la biografia di Steve Jobs.

↓

Mi sembra normale, lo sanno tutti che chi è in preda a una colica può fare solo due cose: o vede la Madonna o si mette a leggere un libro.

Però, non so come mai, ma mentre leggo continua
a venirmi in mente un altro libro, *Instant English*
di John Peter Sloan,

↓

...a lei invece della Madonna è apparso John.

precedentemente letto e usato per prendere la prima
certificazione di lingua inglese, il KET (*Key English Test*).

↓

Che non c'entra niente con la biografia di Steve Jobs! Ma, lo capirete presto anche voi, mia sorella è così!

Riesco a riaddormentarmi e alla mattina mi sveglio
con l'idea fissa di scrivere *Instant matematica*,
non so come e perché, ma è così.

↓

Con le coliche renali danno dei calmanti che a lei hanno fatto male. Ha dato i numeri tutta la notte e al mattino ha deciso di scriverli tutti in un libro!

↓

Marco non lo sa ancora, ma deve scrivere con me: il libro deve essere a 4 mani. Se glielo dico mi manda a quel paese.

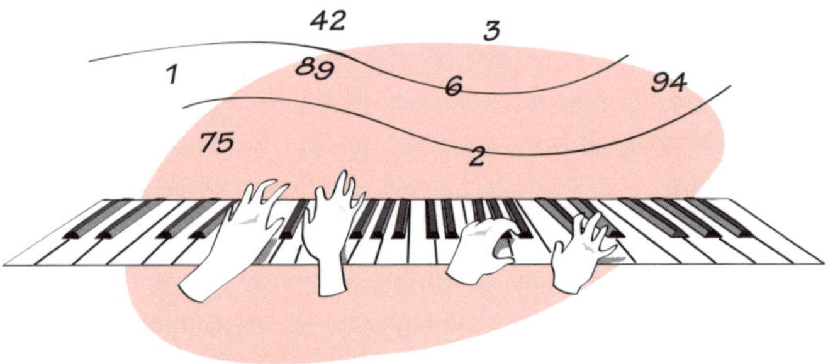

Avrei preferito avere una colica io, ma non sempre le cose possono andare bene!

Resisto qualche giorno, poi scrivo una mail alla casa editrice: «Affascinata dal libro di J. P. Sloan *Instant English*, vorrei scrivere *Instant matematica*. Da anni uso un metodo simile per insegnare questa materia e faccio scrivere un quadernino delle regole ai miei alunni. Questo potrebbe essere la base dell'opera e potrei avvalermi della collaborazione di mio fratello, che è un autore di testi comici (tra me e me: se lo sa mi ammazza!)».

«Interessante, ci mandi qualcosa in visione.»

E adesso? Prendo una valeriana e telefono a Marco.

E stirare un po', andare dalla parrucchiera? Guardare la De Filippi?

Rompo così tanto le scatole a Marco che mi confida pure di conoscere John Peter Sloan, che è tra i protagonisti di una trasmissione di cui lui è tra gli autori.

Marco, per non sentirmi più, mi mette in contatto con John, finalmente lo incontro e...
Ecco a voi *Instant matematica*...

SOMMARIO

Tutti i numeri di questo libro 8

Capitolo 1 11
Le quattro operazioni – I numeri decimali (con la virgola)
I problemi – Risolvere i problemi con il metodo grafico
Può sempre servire Fare la spesa

Capitolo 2 73
Il concetto di potenza – Le proprietà delle potenze
Espressioni con le potenze – Cenni a problemi con le potenze
Può sempre servire Il sistema metrico decimale

Capitolo 3 97
Multiplo e divisore – I numeri primi – Scomposizione di un numero in fattori primi – Minimo comune multiplo (m.c.m.) – Le frazioni – Operazioni con le frazioni
Problemi con le frazioni
Può sempre servire Questioni di eredità

Capitolo 4 163
Rapporto tra grandezze – Le proporzioni – Proprietà delle proporzioni – Problemi con rapporti e proporzioni
Grandezze direttamente e inversamente proporzionali
La percentuale
Può sempre servire Gradi, miglia e 3X2

Capitolo 5 223
I numeri relativi – Operazioni con i numeri relativi interi
Operazioni con i numeri relativi razionali (frazioni)
Potenze di numeri relativi – Algebra con le lettere
Può sempre servire Il bilancio familiare

Capitolo 6 291
Le equazioni – Problemi risolvibili con le equazioni
Può sempre servire La formula magica

Capitolo 7 317
La probabilità – Calcolo della probabilità matematica di un evento – Probabilità totale – Probabilità composta

Risultati degli esercizi 341

INDICE 348

TUTTI I NUMERI DI QUESTO LIBRO

Instant matematica si rivolge a un pubblico di adulti che per qualche motivo hanno un conto in sospeso con la matematica e che intendono rappacificarsi con la materia.

Il testo non vuole essere un trattato di matematica come ce ne sono tanti, ma un "libretto delle istruzioni" che, con un linguaggio semplice e con tanti esempi, possa aiutare i lettori ad arrivare finalmente alla fine di un esercizio.

Si parte dalle semplici operazioni con i numeri naturali e decimali, per arrivare a operare con le frazioni, saltando alcuni argomenti che sarebbero utili per arricchire il bagaglio culturale, ma che potrebbero allontanare il testo dallo scopo prefissato: non annoiare i lettori!

Si attraversa il mondo dei problemi prediligendo le situazioni riconducibili alla vita di tutti i giorni quali: la spesa, la cucina, le divisioni di eredità, le spese condominiali... si fa capolino sulle equazioni per incuriosire i lettori e mostrare una piccola finestrella che si affaccia su un nuovo pianeta dove i problemi si risolvono con la x.

Si conclude con il gioco d'azzardo e il calcolo delle probabilità, per gettare le basi per uno sviluppo futuro, perché no, un *Instant matematica 2*, che aiuti a muoversi nel mondo dei Casinò e delle scommesse...

Tutto questo condito dalla presenza di un alunno (che purtroppo era veramente così) non sempre attento, che si muove a stento nel mondo dei numeri, più portato per le battute e per lo scherzo, che interviene con richieste assurde e paragoni senza senso, innervosendo l'insegnante ma dandole lo spunto per soffermarsi sugli argomenti più ostici e farglieli ulteriormente chiarire, per aiutare ancora di più il lettore.

ISTRUZIONI PER L'USO

Il testo risulterà certamente chiaro e immediato.
Abbiamo, tuttavia, cercato di rendere ancora più semplice la vostra lettura evidenziando alcune parti nel testo.
Troverete, quindi…

BOX DELLE REGOLE

BOX DI APPROFONDIMENTO

ESERCIZI

Dialoghi/scenette divertenti tra l'autrice e suo fratello:

Elena

Marco

Inoltre, abbiamo evidenziato in arancione le parti sbagliate; e i passaggi corretti, errati o i problemi risolti con questi simboli:

✓ esatto! giusto!

✗ errore! sbagliato!

? Problema risolto/Esercizio risolto

Ogni capitolo presenta alla fine una sezione, Può sempre servire, in cui si propongono delle situazioni pratiche di utilizzo delle regole e degli argomenti trattati nel capitolo. Fa eccezione solo il capitolo 7, in quanto è un capitolo un po' a parte, completamente incentrato su argomenti pratici e d'uso quotidiano.

1

1.1 LE QUATTRO OPERAZIONI
1.1.1 Addizione
1.1.2 Sottrazione
1.1.3 Moltiplicazione
1.1.4 Divisione
1.1.5 Lo "zero" nelle operazioni
1.1.6 Espressioni con le quattro operazioni
Lezione I – Espressioni senza le parentesi
Lezione II – Espressioni con le parentesi

1.2 I NUMERI DECIMALI (CON LA VIRGOLA)
1.2.1 Operazioni con i numeri decimali
Lezione III – Mettiamoli in colonna
1.2.2 Espressioni con i numeri decimali con le parentesi
Lezione IV – Espressioni decimali con le parentesi
1.2.3 Moltiplichiamo e dividiamo per 10, 100, 1.000...

1.3 I PROBLEMI
1.3.1 Problemi risolvibili con le quattro operazioni
1.3.2 Problemi risolvibili con le espressioni

1.4 RISOLVERE I PROBLEMI CON IL METODO GRAFICO
1.4.1 Conosco la somma e la differenza di due grandezze
1.4.2 Conosco la somma di tre o più grandezze e di quanto una supera l'altra
1.4.3 Conosco la somma di due grandezze e so che una è il doppio (triplo...) dell'altra
1.4.4 Conosco la differenza di due grandezze e so che una è il doppio (triplo...) dell'altra

PUÒ SEMPRE SERVIRE FARE LA SPESA

1.1
LE QUATTRO OPERAZIONI

Le quattro operazioni sono l'ABC della matematica, e con gli anni ho imparato che gli automatismi necessari per eseguirle vengono acquisiti soprattutto alla scuola elementare, da lì in poi è quasi come se la mente li chiudesse fuori. Ricordo che un docente dei corsi abilitanti all'insegnamento, da me molto stimato, raccontò che da giovane aveva passato parecchio tempo tentando di insegnare le tabelline ad allievi della scuola media, ma con gli anni aveva capito di averlo sprecato. «Svolgete normalmente il programma» disse «e ai casi disperati lasciate usare le calcolatrici». Parole sante, la calcolatrice tranquillizza ed elimina un ostacolo lasciando spazio ad altri argomenti.
Per questo motivo, non rivolgendomi a scolari delle elementari, farò solo una breve carrellata, illustrando quello che a parer mio è necessario sapere sulle operazioni per avere una visione completa della materia e nella malaugurata ipotesi di un guasto alla calcolatrice!

Le quattro operazioni sono:

- addizione
- sottrazione
- moltiplicazione
- divisione

1.1.1 ADDIZIONE

$$3 + 4 = 7$$

ADDENDI SOMMA

I termini dell'addizione si chiamano **addendi** e il risultato **somma**.

Ma sapere che un addendo si chiama addendo e una somma si chiama somma è fondamentale per saper fare i calcoli? Io li chiamerei Mario e Giovanna: sono più facili da ricordare.

Marco, iniziamo male, il linguaggio matematico è importante per entrare nel vivo della materia!

Addizione: $3 + 4 = 7$

Guardate un po' cosa accade togliendo un addendo alla somma...

SOMMA − UN ADDENDO = ALTRO ADDENDO

$7 - 4 = 3$

OPPURE

$7 - 3 = 4$

1.1.2 SOTTRAZIONE

$10 - 2 = 8$

MINUENDO SOTTRAENDO DIFFERENZA

I termini della sottrazione si chiamano:

minuendo (è un gerundio e significa «che deve essere diminuito», così potete ricordare che è messo per primo)

sottraendo (è un gerundio e significa «che va tolto», intendendo che va sottratto dal minuendo)

differenza è il risultato

Sottrazione: $10 - 2 = 8$

DIFFERENZA + SOTTRAENDO = MINUENDO

$$8 + 2 = 10$$

MINUENDO – DIFFERENZA = SOTTRAENDO

$$10 - 8 = 2$$

1.1.3 MOLTIPLICAZIONE

$$6 \times 7 = 42$$

FATTORI (6 × 7) PRODOTTO (42)

I termini della moltiplicazione si chiamano **fattori** e il risultato **prodotto**.

Moltiplicazione: $6 \times 7 = 42$

PRODOTTO : UN FATTORE = ALTRO FATTORE

$$42 : 7 = 6$$

OPPURE

$$42 : 6 = 7$$

1.1.4 DIVISIONE

$$14 : 2 = 7$$

DIVIDENDO (14) DIVISORE (2) QUOZIENTE (7)

I termini della divisione si chiamano:
dividendo (è un gerundio e il suo significato è «che deve essere diviso»)

divisore è il numero per cui si divide

quoziente è il risultato

Divisione: 14 : 2 = 7

quoziente x divisore = dividendo 7 × 2 = 14
dividendo : quoziente = divisore 14 : 7 = 2

E se devo dividere 15 caramelle alla liquirizia, che non mi piacciono, tra 4 miei amici cosa succede?

Bene, in questo caso si deve parlare di resto... guardate:
15 : 4 = 3 (3 resto)
I tuoi amici avranno 3 caramelle a testa che fa 12 (3 x 4 = 12) e ne avanzeranno 3, che non possono essere divise tra 4 persone.

Questo vuol dire che non mi libero delle caramelle che non mi piacciono?

Se le vuoi dividere in parti uguali, sì! Non tutti i numeri sono contenuti esattamente in altri, quando non ci stanno perfettamente compare un resto e, volendo, la divisione può continuare mettendo una virgola.

Nella divisione di prima avremo:
15 : 4 = 3,75
30 al resto 3 si aggiunge uno 0 e si mette la virgola al risultato
20 anche al resto 2 si aggiunge uno 0
0 resto 0 la divisione è finita

Allora le 3 rimaste posso spezzarle!!!

Le divisioni con resto diverso da 0 danno origine ai numeri decimali, ma di questo parliamo più avanti...

1.1.5 LO "ZERO" NELLE OPERAZIONI

Guardate bene questi casi di operazioni in cui compare lo zero e memorizzate quel che succede... in seguito sarà utile conoscerli, perché li incontrerete spesso:

- **ADDIZIONE** $3 + 0 = 3$
  Se aggiungo 0 a un numero ottengo il numero stesso.

- **SOTTRAZIONE** $5 - 0 = 5$
  Se tolgo 0 da un numero ottengo il numero stesso.

- **MOLTIPLICAZIONE** $6 \times 0 = 0$
  Se moltiplico un numero per 0 ottengo 0.
  Lo 0 prende il nome di "elemento assorbente della moltiplicazione".

- **DIVISIONE** $0 : 7 = 0$
  Dividendo lo 0 per qualsiasi numero ottengo sempre 0.

  $7 : 0 =$ impossibile

  Prima abbiamo visto che moltiplicando il **quoziente** per il **divisore** ottengo il **dividendo**, ma non esiste un numero che moltiplicato per 0 dia 7.

  Proviamo: $7 : 0 = \mathbf{n}$

  n è quel numero che moltiplicato per 0 deve dare 7 e dato che **n** non può esistere, come risultato di questo tipo di divisione si mette **impossibile**.

  $0 : 0 =$ indeterminato

  Moltiplicando qualsiasi numero per 0 ottengo 0. Per questo, il risultato è indeterminato, perché potrebbe andare bene qualsiasi valore.

  Proviamo: $0 : 0 = \mathbf{n}$

  n è quel numero che moltiplicato per 0 deve dare 0 e dato che tutti i numeri possono andare bene, come risultato di questo tipo di divisione si mette **indeterminato**.

1.1.6 ESPRESSIONI CON LE QUATTRO OPERAZIONI

Ora possiamo passare alle espressioni, esaminando via via i casi che si possono presentare. Dividiamo la spiegazione in 2 lezioni, partendo dalle espressioni senza le parentesi, che sono più semplici, per poi affrontare le espressioni con le parentesi, un po' più complesse.

LEZIONE I ESPRESSIONI SENZA LE PARENTESI

In queste espressioni bisogna seguire una regola molto semplice: **rispettare le precedenze** (come quando si guida)!

REGOLA DELLE PRECEDENZE E DEI PRIMI DUE

Prima dovete eseguire **moltiplicazioni** e **divisioni**, poi **addizioni** e **sottrazioni**: se ci sono più operazioni con lo stesso ordine di precedenza collegate tra loro, eseguite la prima operazione che incontrate, questa regola io l'ho denominata "**regola dei primi due**".

Vi sembra tutto chiaro? Ora prendiamo in visione differenti casi di espressioni che si possono incontrare, sviluppandole in ogni passaggio: **e sottolineando in ogni passaggio le operazioni da eseguire in quello seguente.**

ESPRESSIONI CON SOLO ADDIZIONI

13 + 9 + 5 + 6 + 11 =

13 + 9 + 5 + 6 + 11 =
22

22 + 5 + 6 + 11 =
27

27 + 6 + 11 =
33

✓ 33 + 11 = **44** ho applicato la regola dei primi due

ESPRESSIONI CON SOLO SOTTRAZIONI

13 – 8 – 3 – 1 =

13 – 8 – 3 – 1 =
5

5 – 3 – 1 =
2

✓ 2 – 1 = **1** ho applicato la regola dei primi due

Guardate, invece, che cosa vi succede se non applicate correttamente la regola dei primi due:

13 – 8 – 3 – 1 =

13 – 8 – 3 – 1 =
(13 – 8 → 5; 3 – 1 → 2)

✗ 5 – 2 = **3**

errore! in pratica associando così noi sottraiamo solo 2 da 5 e non prima 3 e poi 1, cioè 4

ESPRESSIONI CON ADDIZIONI E SOTTRAZIONI

25 + 9 + 6 – 12 + 4 – 2 =

25 + 9 + 6 – 12 + 4 – 2 =
(25 + 9 → 34)

34 + 6 – 12 + 4 – 2 =
(34 + 6 → 40)

40 – 12 + 4 – 2 =
(40 – 12 → 28)

28 + 4 – 2 =
(28 + 4 → 32)

✓ 32 – 2 = **30**

applicate la regola e non potete sbagliare!

Ora vi faccio un esempio di errore:

25 + 9 + 6 – 12 + 4 – 2 =

25 + 9 + 6 – 12 + 4 – 2 =
(9 + 6 → 15; 12 + 4 → 16)

25 + 15 – 16 – 2 =
(25 + 15 → 40; 16 – 2 → 14)

✗ 40 – 14 = **26**

errore... non posso associare i numeri così!

ESPRESSIONI CON SOLO MOLTIPLICAZIONI

5 × 4 × 3 × 2 =

5 × 4 × 3 × 2 =
(5 × 4 → 20)

20 × 3 × 2 =
(20 × 3 → 60)

✓ 60 × 2 = **120**

ho applicato la regola dei primi due

1

ESPRESSIONI CON SOLO DIVISIONI

96 : 12 : 4 : 2 =

96 : 12 : 4 : 2 =

8

8 : 4 : 2 =

2

✓ 2 : 2 = **1** — ho applicato la regola dei primi due

Ed ecco, invece, cosa succede se non la applicate:

96 : 12 : 4 : 2 =

96 : 12 : 4 : 2 =

8 — 2

✗ 8 : 2 = **4** — errore

ESPRESSIONI CON DIVISIONI E MOLTIPLICAZIONI

180 : 5 × 9 : 3 =

180 : 5 × 9 : 3 =

36

36 × 9 : 3 =

324

✓ 324 : 3 = **108** — ho applicato la regola dei primi due

Se invece non applico la regola:

180 : 5 × 9 : 3 =

180 : 5 × 9 : 3 =

45

180 : 45 : 3 =

15

✗ 180 : 15 = **12** — errore

LA REGOLA DEI PRIMI DUE: OGNI REGOLA HA LA SUA ECCEZIONE

In realtà, non è obbligatorio usare la regola dei primi due nelle espressioni che contengono solo addizioni o solo moltiplicazioni, ma io consiglio di applicarla sempre e comunque, per evitare di far confusione e di dover pensare "La applico o non la applico?". Vediamo i due casi...

Solo addizioni:

13 + 9 + 5 + 6 + 11 =

$\underline{13+9}+5+6+11=$

$\underline{22+5}+6+11=$

$\underline{27+6}+11=$

✓ $\underline{33+11}=$ **44** ho applicato la regola dei primi due

Potete, tuttavia, associare i numeri come volete, perché con espressioni di sole addizioni non è necessario applicare la regola:

$\underline{13+9}+\underline{5+6}+11=$

$\underline{22+11}+11=$

✓ $\underline{33+11}=$ **44** il risultato è comunque corretto

Solo moltiplicazioni:

5 × 4 × 3 × 2 =

Seguendo la regola dei primi due dovreste procedere così:

$\underline{5\times4}\times3\times2=$

$\underline{20\times3}\times2=$

✓ $\underline{60\times2}=$ **120** ho applicato la regola dei primi due

Potete, tuttavia, associare i numeri come volete, perché con espressioni di sole moltiplicazioni non è necessario applicare la regola:

$5 \times 4 \times 3 \times 2 =$

✓ $20 \times 6 = \mathbf{120}$ — il risultato è comunque corretto

ESPRESSIONI CON LE QUATTRO OPERAZIONI

5 + 34 × 3 – 21 × 2 – 56 : 7 =

$5 + 34 \times 3 - 21 \times 2 - 56 : 7 =$ — eseguo prima le operazioni con la precedenza

102 42 8

$5 + 102 - 42 - 8 =$ — applico la regola dei primi due

107

$107 - 42 - 8 =$

65

✓ $65 - 8 = \mathbf{57}$

Nell'esempio appena visto le operazioni con la stessa precedenza non erano collegate tra loro, quando sono collegate, come nell'esempio che segue, si fa così:

42 : 6 × 4 + 3 × 5 × 7 – 33 : 11 =

$42 : 6 \times 4 + 3 \times 5 \times 7 - 33 : 11 =$ — 42 : 6 x 4 sono collegate e x e : hanno la stessa precedenza, quindi vale sempre la regola dei primi due

$7 \times 4 + 15 \times 7 - 3 =$

$28 + 105 - 3 =$

✓ $133 - 3 = \mathbf{130}$

Ora vediamo se Marco ha capito…
Caro Marco, ti assegno un'espressione molto facile e, se hai ascoltato la mia spiegazione, devi saperla risolvere senza difficoltà, iniziamo:

$5 + 48 : 8 \times 6 + 49 : 7 \times 7 - 11 =$

$5 + 48 : 8 \times 6 + 49 : 7 \times 7 - 11 =$

$5 + 48 : 48 + 49 : 49 - 11 =$

$5 + 2 - 11 =$

$7 - 11 =$?!?

Mia sorella è sempre la solita, mi fa esercizi impossibili!
Come faccio a togliere 11 da 7?
Boh! Idea, posso sempre girarla…

$5 + 2 - 11 =$

$11 - 7 = 4$

L'ho fregata!!! Elena, ho finito, guarda un po'…

Nooo! Non ci posso credere, non ha capito niente, non hai applicato neanche una volta la regola!
Ragazzi spero che voi siate più svegli di Marco, altrimenti sarà dura per me.

Proviamo insieme:

$5 + 48 : 8 \times 6 + 49 : 7 \times 7 - 11 =$

$5 + 48 : 8 \times 6 + 49 : 7 \times 7 - 11 =$ eseguo prima le operazioni con la precedenza

$5 + 6 \times 6 + 7 \times 7 - 11 =$ eseguo prima le operazioni con la precedenza

$5 + 36 + 49 - 11 =$ applico la regola dei primi due

$41 + 49 - 11 =$ applico la regola dei primi due

✓ $90 - 11 =$ **79** ho applicato ancora la regola dei primi due

Ora vi assegno degli esercizi da fare da soli: concentratevi e lavorate, e ricordate che i risultati si guardano solo alla fine.

ESERCIZIO 1

A $14 - 7 + 6 + 4 - 12 + 25 =$

B $107 - 45 - 30 + 97 - 29 + 50 =$

C $35 \times 5 - 12 + 120 : 60 \times 11 =$

D $140 : 70 + 2 \times 5 \times 5 \times 7 : 10 =$

E $9 + 8 \times 14 - 2 - 46 : 23 + 42 : 14 + 51 : 17 =$

F $244 - 42 : 2 \times 9 + 145 - 36 : 6 \times 4 + 154 : 11 =$

LEZIONE II ESPRESSIONI CON LE PARENTESI

Innanzitutto le parentesi sono tre:
(...) tonda [...] quadra {...} graffa

PRECEDENZA TRA LE PARENTESI

Anche le parentesi hanno una precedenza: prima si eseguono le operazioni nelle **parentesi tonde**, poi le operazioni nelle **parentesi quadre** e infine le operazioni nelle **parentesi graffe**.

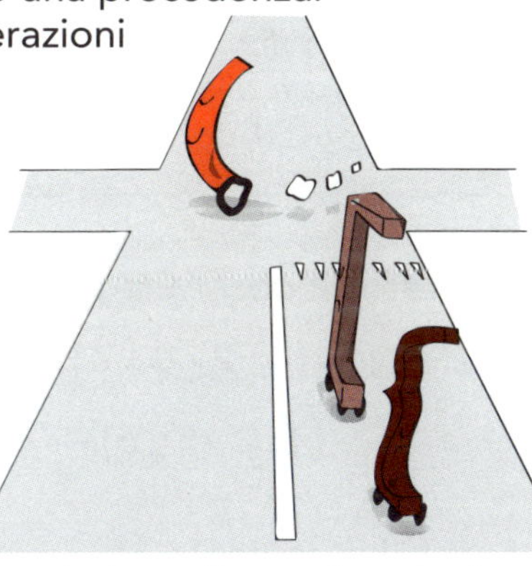

All'interno di ogni parentesi si applicano le regole viste prima e si rispettano le precedenze delle operazioni.

■ **ESPRESSIONI CON PARENTESI TONDE**

$$\mathbf{13 + (4 \times 6 - 7) - 8 - 3 + (15 : 3 + 5) =}$$

✓ si eseguono prima i calcoli nelle parentesi, con precedenza di moltiplicazioni e divisioni

$$13 + (\underbrace{4 \times 6}_{24} - 7) - 8 - 3 + (\underbrace{15 : 3}_{5} + 5) =$$

$$13 + (\underbrace{24 - 7}_{17}) - 8 - 3 + (\underbrace{5 + 5}_{10}) =$$

poi si eseguono sottrazioni e addizioni

da qui si applica la regola dei primi due

$$\underbrace{13 + 17} - 8 - 3 + 10 =$$

$$\underbrace{30 - 8} - 3 + 10 =$$

$$\underbrace{22 - 8} + 3 + 10 =$$

$$\underbrace{14 - 3} + 10 =$$

✓ $$\underbrace{11 + 10} = \mathbf{21}$$

Vorrei dire che questa regola dei primi due mi ha veramente rotto: possibile che siano sempre i primi ad avere la meglio? E gli ultimi due?

Se nell'espressione c'è solo un tipo di operazione, allora possono davvero vincere gli ultimi due... ma lo vedremo più avanti. E ricorda: la tua simpatia è inversamente proporzionale alla tua ignoranza (tra qualche lezione capirete la mia risposta), continuiamo la lezione, concentrati ragazzi!

■ **ESPRESSIONI CON PARENTESI TONDE E QUADRE**

$$\mathbf{[125 + 11 - (4 : 2 + 5 \times 6) \times 4] + 2 =}$$

$$[125 + 11 - (\underbrace{4 : 2}_{2} + \underbrace{5 \times 6}_{30}) \times 4] + 2 =$$

si eseguono prima i calcoli nelle parentesi tonde

$$[125 + 11 - (\underbrace{2 + 30}_{32}) \times 4] + 2 =$$

$$[125 + 11 - \underbrace{32 \times 4}] + 2 =$$

poi i calcoli nelle parentesi quadre

1

$[125 + 11 - 128] + 2 =$

$[136 - 128] + 2 =$

$8 + 2 = \mathbf{10}$

ESPRESSIONI CON PARENTESI TONDE, QUADRE E GRAFFE

$\mathbf{5 + \{13 + [(4 \times 5 - 7 \times 2) + 15] \times 6 - (5 \times 4)\} =}$

si risolvono in contemporanea le operazioni contenute nelle parentesi tonde

$5 + \{13 + [(4 \times 5 - 7 \times 2) + 15] \times 6 - (5 \times 4)\} =$ (20, 14, 20)

$5 + \{13 + [(20 - 14) + 15] \times 6 - 20\} =$ (6)

$5 + \{13 + [6 + 15] \times 6 - 20\} =$ (21)

quindi si eseguono i calcoli nelle parentesi quadre

$5 + \{13 + 21 \times 6 - 20\} =$ (126)

infine i calcoli nelle graffe

$5 + \{13 + 126 - 20\} =$ (139)

$5 + \{139 - 20\} =$

$5 + 119 = \mathbf{124}$

ESERCIZIO 2

A $88 - (43 \times 2 - 15) + 41 - (16 + 5) =$

B $12 + [(13 \times 5 - 6) + 11 \times 2 + 19] : [14 + (11 \times 4 - 8)] =$

C $62 - [14 - (7 + 2) + (33 - 12)] : 13 + 7 \times (54 - 17 - 30) =$

D $\{[90 : (4 \times 9 + 9) + 5] - [66 - (8 : 4 + 7) - 50]\} + (6 \times 7 - 4 \times 2) =$

E $2 \times \{[(6 \times 2 - 7) + 20 : 2] \times [(3 \times 9 - 22) + (9 \times 4 - 8 \times 2)]\} : 75 =$

1.2
I NUMERI DECIMALI (con la virgola)

Fino ad ora abbiamo fatto operazioni con i **numeri interi**, cioè senza la virgola, ora proviamo a fare le quattro operazioni con i **numeri decimali**, ovvero con la virgola.

IL NOSTRO SISTEMA DECIMALE

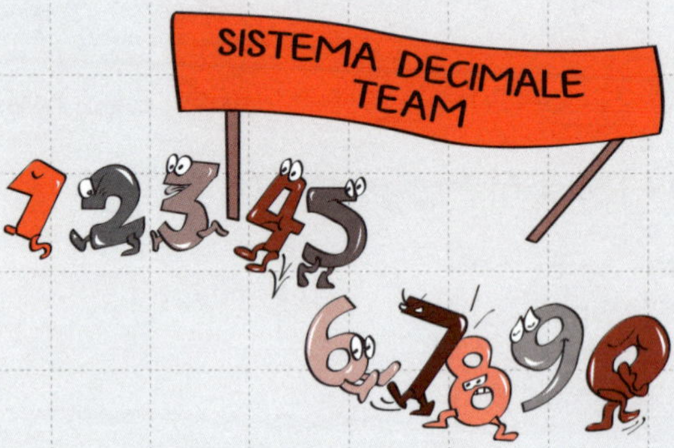

Il nostro sistema di numerazione si chiama **sistema decimale** perché è composto da **10** simboli o cifre:

1 2 3 4 5 6 7 8 9 0
Queste cifre compongono i numeri e, in base alla posizione che occupano, assumono un valore diverso.

126 e 612 sono due numeri composti dalle stesse cifre ma:

126 = 1 centinaio + 2 decine + 6 unità
(100 + 20 + 6)
612 = 6 centinaia + 1 decina + 2 unità
(600 + 10 + 2)
} numeri interi

41,5 e 4,15 sono due numeri composti
dalle stesse cifre ma:

41,5 = 4 decine + 1 unità + 5 decimi
(40 + 1 + 0,5)
4,15 = 4 unità + 1 decimo + 5 centesimi
(4 + 0,1 + 0, 5)
} numeri decimali

1.2.1 OPERAZIONI CON I NUMERI DECIMALI

LEZIONE III METTIAMOLI IN COLONNA

Facciamo un piccolo sforzo e vediamo come si mettono in colonna le operazioni con i decimali.

Vale sempre l'uso della calcolatrice, ma, se non la si ha a portata di mano o se si ha un figlio da aiutare mentre fa i compiti, saper incolonnare i numeri decimali evita figuracce.

Benissimo, io sono single forzato e non ho figli, questo argomento me lo salto!

Tu non salti niente, anzi, dato il tuo acume avrai i compiti supplementari.

Sì e poi vado ai rigori!

ADDIZIONE

Procediamo scrivendo prima le operazioni in riga e mettendole poi in colonna.

1467 + 123,45 =

1467 + 123,45 = sommiamo un numero intero e un numero decimale

✓ incolonniamo unità con unità, decine con decine, centinaia con centinaia e lasciamo da soli i decimali

$$\begin{array}{r} 1467 \quad\;\; + \\ 123{,}45 = \\ \hline 1590{,}45 = \end{array}$$

Per non fare confusione, possiamo usare degli zeri messi dopo la virgola nei numeri interi, in quanto dopo la virgola non hanno valore e scrivere così:

$$\begin{array}{r} 1467\mathbf{,00} + \\ 123{,}45 = \\ \hline 1590{,}45 = \end{array}$$

✓

Quindi, quando un numero possiede le cifre decimali dopo la virgola e l'altro no, possiamo **pareggiarlo** mettendo una virgola con gli zeri necessari.

Caso in cui si addizionano due numeri con un numero diverso di cifre decimali dopo la virgola:

365,497 + 23,4 =

365,497 + 23,4 =

✓ sommiamo due numeri decimali con un numero diverso di cifre decimali dopo la virgola; li incolonniamo, pareggiando con gli zeri i decimali mancanti

$$\begin{array}{r} 365{,}497 + \\ 23{,}400 = \\ \hline 388{,}897 \end{array}$$

✓

SOTTRAZIONE

Anche in questo caso, procediamo scrivendo prima le operazioni in riga e mettendole poi in colonna.

8795,34 – 634 =

il sottraendo è un numero intero, mentre il minuendo è un numero decimale

8795,34 – 634 =

incolonniamo i numeri, pareggiando con gli zeri i decimali mancanti

```
 8795,34 –
  634,00 =
 ---------
 8161,34
```

√ 8161,34

195589 – 467,13 =

il minuendo è un numero intero, mentre il sottraendo è un numero decimale

195589 – 467,13 =

metto la virgola nel minuendo e pareggio gli zeri

```
 195589,00 –
    467,13 =
 -----------
 195121,87 =
```

√ 195121,87

MOLTIPLICAZIONE

Partiamo subito con un esempio, incolonnando ancora una volta i fattori:

6,7 × 1,2 =

```
 6,7 ×     un posto dopo la virgola
 1,2 =     un posto dopo la virgola
 ----
 134       fate la moltiplicazione
 67–
 ----
 804
```

√ 8,**04**

un posto + un posto = due posti dopo la virgola; nel numero 804 metto la virgola dopo due posti partendo da destra

81,13 × 45 =

81,13 × 45 =	il primo fattore è un numero decimale, il secondo è un numero intero
81,**13** ×	
45 =	
40565	
32452 –	
365085	contate i posti dopo la virgola nei numeri moltiplicati
✓ 3650,**85**	due posti dopo la virgola

DIVISIONE

Non è una novità: la divisione è l'operazione più complicata. Non rivediamo qui come si esegue una divisione "in generale", ma ci limitiamo a vedere cosa si deve fare quando ci sono i numeri decimali...

15,18 : 25,3 =	il dividendo può avere la virgola, ma il divisore no, quindi si procede così:
15,18 : 25,3 =	tolgo la virgola a 25,3 spostandomi di un posto a destra, e quindi mi sposto di un posto a destra anche in 15,18
✓ 151,8 : 253 = **0,6**	il 253 sta nel 151 zero volte, scrivo 0 e metto la virgola: il 253 sta nel 1518 sei volte, quindi scrivo 6 col resto di 0

667,275 : 54,25 =

667,275 : 54,25 =	tolgo la virgola a 54,25, spostandomi di due posti a destra, e quindi mi sposto di due posti a destra anche in 667,275
✓ 66727,5 : 5425 = **12,3**	

Per finire, ovviamente, se il divisore non ha la virgola dovete procedere normalmente:

94,5 : 35 =

✓ 94,5 : 35 = **2,7**	il 35 sta nel 97 due volte, con il resto di 24, abbasso il 5 e leggo 245,
245	metto la virgola nel risultato dopo il 2,
000	il 35 nel 245 sta 7 volte con il resto di 0

PAREGGIARE LE OPERAZIONI CON I NUMERI DECIMALI

Addizione: metto in colonna le virgole e, se necessario, pareggio con gli zeri i decimali.

Sottrazione: metto in colonna le virgole e, se necessario, pareggio con gli zeri i decimali.

Moltiplicazione: posso anche non mettere in colonna le virgole, devo solo contare le posizioni dopo la virgola dei numeri moltiplicati, sommarle e posizionare la virgola nel risultato secondo la somma ottenuta partendo da destra.

Divisione: se il divisore ha la virgola devo toglierla spostandomi a destra e mi sposterò dello stesso numero di posizioni anche nel dividendo; se la virgola è presente solo nel dividendo procedo normalmente, e quando abbasso la cifra dopo la virgola metto la virgola nel risultato.

Marco, hai capito? Dalla tua faccia non si direbbe, ti metto subito alla prova, ecco un esercizio tutto per te: moltiplica il tuo numero di scarpe per 3,5...

Ok Elena, è facilissimo!
Tanto per cominciare... bisogna mettere in colonna:

42 × 3,5 =

```
 42,0 ×
   3,5 =
 ------
  210
 126 –
 ------
X 14,70
```

Fa 14,70 sorellina!!!

Ma non ti sembra un numero TROPPO PICCOLO?

Ma guarda che io ho sempre portato il 42...
il 43 mi va già largo!

Ti sembra possibile che 42 moltiplicato per più di tre volte dia un numero ancora più piccolo?
In questo caso non è possibile pareggiare come hai fatto tu con gli zeri: hai aumentato il numero di posizioni dopo la virgola senza moltiplicare per 0. Io ho detto di pareggiare con gli zeri solo addizioni e sottrazioni, possibile che non stai mai attento?
Oh, forse, stai attento ma non capisci niente...
Anche la genetica a volte si sbaglia. Guarda:

```
   42 ×                 oppure, ma no lo consiglio          42,0 ×
   3,5 =                perché si rischia di sbagliare         3,5 =
 ------                                                    -------
  210                                                        2100
 126 –                                                      1260
 ------                                                    -------
V 147,0                 questo è il risultato corretto     V 147,00
```

1

1.2.2 ESPRESSIONI CON I NUMERI DECIMALI CON LE PARENTESI

Bene, riprendiamoci e continuiamo con le espressioni con i numeri decimali: sono esattamente come le altre espressioni e si eseguono seguendo le stesse regole delle espressioni con i numeri interi; hanno come unica difficoltà in più quella di dover eseguire le operazioni con i numeri con la virgola.

LEZIONE IV ESPRESSIONI DECIMALI CON LE PARENTESI

$\mathbf{2,5\times 0,5+3,1\times 2,6\times(2,3\times 5-3,5)=}$

$2,5\times 0,5+3,1\times 2,6\times(\underline{2,3\times 5}-3,5)=$

$2,5\times 0,5+3,1\times 2,6\times(\underline{11,5-3,5})=$

$\underline{2,5\times 0,5}+\underline{3,1\times 2,6}\times 8=$

$1,25+\underline{8,06\times 8}=$

✓ $\underline{1,25+64,48}=\mathbf{65,73}$

$\mathbf{[(7,6:1,9-7:3,5)\times 3-1,6]\times(6,6:11+0,5)=}$

$[(\underline{7,6:1,9}-\underline{7:3,5})\times 3-1,6]\times(\underline{6,6:11}+0,5)=$

$[(\underline{4-2})\times 3-1,6]\times(\underline{0,6+0,5})=$

$[\underline{2\times 3}-1,6]\times 1,1=$

$[\underline{6-1,6}]\times 1,1=$

✓ $\underline{4,4\times 1,1}=\mathbf{4,48}$

$$\{[(\mathbf{0,048 \times 100 + 7 : 5) : 2 + 1,6] \times 3 - 0,256\} : 4 + 0,35 =}$$

$$\{[(\underline{0,048 \times 100} + \underline{7 : 5}) : 2 + 1,6] \times 3 - 0,256\} : 4 + 0,35 =$$

$$\{[(\underline{4,8 + 1,4}) : 2 + 1,6] \times 3 - 0,256\} : 4 + 0,35 =$$

$$\{[\underline{6,2 : 2} + 1,6] \times 3 - 0,256\} : 4 + 0,35 =$$

$$\{[\underline{3,1 + 1,6}] \times 3 - 0,256\} : 4 + 0,35 =$$

$$\{\underline{4,7 \times 3} - 0,256\} : 4 + 0,35 =$$

$$\{\underline{14,1 - 0,256}\} : 4 + 0,35 =$$

$$\underline{13,844 : 4} + 0,35 =$$

$$\underline{3,461 + 0,35} = \mathbf{3,811}$$

Di seguito, alcune espressioni che dovete svolgere da soli.

ESERCIZIO 3

A $(4,5 : 1,5 + 0,2 \times 3) : 6 + 0,04 : 0,02 =$

B $[9,6 : 0,3 : 8 + 4 \times (0,2 + 0,02)] - 2,88 =$

C $\{0,1 + [3,1 \times 2 - 0,05 \times 5 - 0,75]\} \times 1,2 - 0,36 =$

D $2 + \{[(4,12 \times 3 - 12,3) : 0,2] + (8,8 : 0,2 - 4)\} \times 0,2 - 4,06 =$

E $0,1 \times 20 - [(0,048 : 0,2) \times (0,207 : 0,03)] + 5,656 =$

1.2.3 MOLTIPLICHIAMO E DIVIDIAMO PER 10, 100, 1.000...

Un caso particolare, su cui soffermarci, è quello delle moltiplicazioni e divisioni per 10, 100 1.000... Casi molto frequenti che potrete risolvere in fretta, ricordando il meccanismo che spiegherò in modo molto semplice.

MOLTIPLICAZIONE DI NUMERI INTERI

Nella moltiplicazione di numeri interi per 10, 100, 1.000 ecc. basta aggiungere al numero moltiplicato gli zeri presenti in 10, 100, 1.000 ecc.

- ✓ 15 × **10** = 15**0** — aggiungo uno 0 al numero 15
- ✓ 443 × 1**00** = 44.3**00** — aggiungo due 0 al numero 443
- ✓ 29 × 1.**000** = 29.**000** — aggiungo tre 0 al numero 29

DIVISIONE DI NUMERI INTERI

Nella divisione di numeri interi devo spostarmi dall'ultima cifra di destra verso sinistra di tante posizioni quanti sono gli zeri e mettere la virgola.

- ✓ 15 : 1**0** = **1,5** — mi sposto dal 5 verso sinistra di una posizione
- ✓ 443 : 1**00** = **4,43** — mi sposto dal 3 verso sinistra di due posizioni
- ✓ 29 : 1.**000** = 0**,029** — quando le posizioni non bastano, si mettono degli zeri: 2 e 9 valgono due posizioni, con lo 0 facciamo la terza e ne aggiungo uno prima della virgola
- ✓ 23.768 : 1.**000** = 23**,768** — qui le posizioni bastano

MOLTIPLICAZIONE DI NUMERI DECIMALI

Nella moltiplicazione di numeri decimali devo spostare la virgola verso destra di tante posizioni quanti sono gli zeri

✓ 3,67 × 10 = **36,**7	qui c'è uno 0, quindi sposto la virgola verso destra di una posizione
✓ 458,93 × 1**00** = 45.8**93**	due 0, quindi due posizioni verso destra
✓ 589,4 × 1**00** = 58.9**40**	4 vale una posizione e, mancando la seconda, aggiungo uno 0

Ora provate da soli a completare queste operazioni:

36,44 × 10 = 36_,_

215,768 × 100 = ______,8

8765,23 : 1.000 = _,_____

734 : 1.000 = 0,___

E, quindi, siete pronti per mettervi alla prova con il prossimo esercizio.

ESERCIZIO 4

A	44 × 10 =	44 × 100 =	44 × 1.000 =
B	65 : 10 =	65 : 100 =	65 : 1.000 =
C	5,67 × 10 =	5,67 × 100 =	0,567 × 1.000 =
D	63,12 : 10 =	631,2 : 100 =	631,2 : 1.000 =
E	4973,22 : 100 =	4973,22 × 100 =	4973,22 : 1.000 =

1.3
I PROBLEMI

Non tutti lo sanno, ma esiste un metodo per affrontare i problemi! Quando mi chiedono quale sia la mia professione, alla risposta «Insegno matematica e scienze in una scuola media», dopo aver fatto una faccia simile a quella che Marco ha normalmente, la frase che segue è quasi sempre: «Io non ho mai capito niente di matematica, soprattutto non sono mai riuscito a capire i problemi!».

LA RISOLUZIONE UNIVERSALE

I problemi non si possono **capire tutti insieme**, è come se volessimo guarire tutte le malattie con un'unica medicina, non esiste una risoluzione universale! Possiamo però affrontare ogni problema allo stesso modo, cercando di capire:

- che informazioni ci sta dando;
- cosa vuole da noi.

Dobbiamo umanizzare il problema, e pensare che sia un amico che ci da informazioni e vuole una nostra rielaborazione per arrivare alla soluzione.

1.3.1 PROBLEMI RISOLVIBILI CON LE QUATTRO OPERAZIONI

Partiremo, come sempre, da un esempio pratico e cercheremo di capire come muoverci.

Quindi il proverbio va cambiato in "Chi trova un amico trova un problema..."

E chi ha un fratello come te ha una bella disgrazia!

PROBLEMI RISOLVIBILI CON L'ADDIZIONE

? La mamma di Lucia deve comprare l'occorrente per fare una torta di mele e spende: 1,60 € per una confezione di uova, 0,90 € per un pacco di farina, 2,15 € per un panetto di burro e 3,50 € per un sacchetto di mele (facciamo che zucchero, lievito ecc. li abbia già in casa). Quanto spende in tutto la signora?

Aggiungiamo anche la spesa per andare in palestra, a lezione da un personal trainer, per perdere il peso acquistato dopo aver mangiato la torta... come te che fai Pilates, sorellina!!!

Le uniche lezioni di cui c'è bisogno qui sono quelle di matematica per te!

Analizziamo bene il testo, perché in esso sono racchiuse notizie interessanti e fondamentali per la risoluzione stessa del problema, e notizie altrettanto interessanti ma che non servono alla risoluzione:

- la mamma di Lucia
- la torta di mele

È interessante sapere che Lucia abbia una mamma e che faccia pure le torte, inoltre nelle classi c'è quasi sempre qualcuno che porta il nome citato nel problema, contento di essere chiamato in causa, che guarda i compagni compiaciuto «Ebbene sono io!». Queste però sono "**farciture**" del problema, che non servono alla sua risoluzione ma lo rendono meno ostico e più vicino alla vita di tutti i giorni.
(Che trucchetti usa la matematica!)
Estrapoliamo adesso i dati veri e propri!

Dimmi, Marco, cosa c'è che non va, non ho ancora iniziato la spiegazione...

Appunto, non hai ancora iniziato e dici già cose incomprensibili.

Tipo?

"Estrapoliamo"...

Mi dimentico sempre che c'è Ciuchino in platea! "Estrapoliamo" vuol dire «tiriamo fuori»! (I dati, mi raccomando!)

DATI:

1,60 € = costo uova
0,90 € = costo farina
2,15 € = costo burro
3,50 € = costo mele

} queste sono le informazioni utili che ci sta dando il problema

INCOGNITE:

Quanto spende la mamma di Lucia?

} questo è quello che vuole da noi

Io faccio costruire una tabella dati/incognite: fatela anche voi e, se potete, usate un righellino, così rimane più ordinata (sono un po' maniaca in queste cose!).

E non solo in queste!!! E, comunque, io al righello preferisco la squadra. Forza Juve!

Un asino che tifa per la zebra, che bell'incrocio...

DATI/INCOGNITE

DATI	INCOGNITE
1,60 € = costo uova	spesa totale = € ?
0,90 € = costo farina	
2,15 € = costo burro	
3,50 € = costo mele	

Nella tabella dati/incognite bisogna abbreviare il più possibile, ma sempre con termini appropriati. Io vi consiglio di impostarla mettendo sempre i numeri all'inizio della riga, seguiti dall'uguale e dall'indicazione/specifica di cosa si tratta. Nell'incognita non ho scritto "Quanto spende la mamma di Lucia?", ma solo "Spesa totale", che è più tecnica come domanda.
Ora si procede alla risoluzione, che in questo caso è semplice.

RISOLVO:
Analizziamo i dati e l'incognita e cerchiamo di capire quale operazione può portarci alla richiesta. Quando facciamo la spesa e compriamo tante cose, alla fine arriviamo alla cassa e le dobbiamo pagare: il totale della nostra spesa è dato dalla **somma** di tutti i costi dei prodotti acquistati.

Non sono cose che mi riguardano... Ho il Bancomat!

Andiamo avanti, che è meglio.

Ecco che abbiamo nominato l'operazione che associa i dati all'incognita: **la somma**. Questo semplice problema si risolve con un'unica operazione, ma non è sempre così (siamo agli albori!).

Veramente siamo in una stanza e fa un caldo insopportabile.

Marco, "albori" è sinonimo di "primordi".

Ahhh! Adesso sì che ho capito...

Impostiamo l'operazione:

1,60 + 0,90 + 2,15 + 3,50 = 8,15 € spesa totale

Per me il problema è terminato qui, ma se volete mettere la risposta come si fa alla scuola elementare, scrivete rifacendovi alle indicazioni che seguono.

RISPOSTA:
La mamma di Lucia ha speso 8,15 €.

Io cosa faccio?

Metti pure la risposta!

Non posso.

E perché non puoi?

Perché io la mamma di Lucia non la conosco e non è carino farsi gli affari degli altri.

Adesso, Marco, invento un problema che ti farà ricordare la tua infanzia, quel periodo della vita che non hai mai abbandonato...

PROBLEMI RISOLVIBILI CON LA SOTTRAZIONE

? Marco gioca con i soldatini, ne possiede 125: 30 tedeschi, 45 antichi romani e 50 indiani con le piume. (Non ho mai capito che guerra potesse fare, ma non ha mai avuto le idee chiare. Più che una guerra sembrava la macchina del tempo, ma comunque sparava tantissimo, emettendo suoni tipo SDUNFSCH, PCIUFSCH ecc. sbavando come un cammello...)
Arriva Simone, suo amico/nemico e, dato che non possiede soldatini, Marco gli regala: 3 tedeschi, 2 antichi romani e 10 indiani. (Forse si vuole liberare degli indiani; mi illudo che abbia capito che con i tedeschi c'entrano poco!)
Quanti soldati di ogni categoria rimangono a Marco?
Quanti soldati in tutto rimangono a Marco?

DATI/INCOGNITE

DATI	INCOGNITE
125 = n° totale soldati	n° totale soldati rimasti = ?
30 = n° soldati tedeschi	n° soldati tedeschi rimasti = ?
45 = n° soldati antichi romani	n° antichi romani rimasti = ?
50 = n° soldati indiani	n° soldati indiani rimasti = ?
3 = n° soldati tedeschi regalati	
2 = n° antichi romani regalati	
10 = n° soldati indiani regalati	

RISOLVO:
Analizziamo i dati e le incognite. Questo problema ha più modi per essere risolto, noi partiamo così: se sommiamo il numero dei soldati regalati a Simone e lo togliamo dal numero totale dei soldati di Marco avremo il numero dei soldati rimasti.

3 + 2 + 10 = 15 numero totale soldati regalati

✓ **125 – 15 = 110** totale soldati rimasti PRIMA INCOGNITA

Ora togliamo dal numero di soldati di ogni categoria il numero di soldati regalati.

✓ **30 – 3 = 27** soldati tedeschi rimasti SECONDA INCOGNITA

✓ **45 – 2 = 43** soldati antichi romani rimasti TERZA INCOGNITA

✓ **50 – 10 = 40** soldati indiani rimasti QUARTA INCOGNITA

E i soldati dispersi?

Sono andati a cercare il tuo cervello...

UNA SECONDA RISOLUZIONE POTEVA ESSERE:
Trovare prima i soldati rimasti per ogni categoria

(**30 – 3**) **= 27** soldati tedeschi rimasti SECONDA INCOGNITA

(**45 – 2**) **= 43** soldati antichi romani rimasti TERZA INCOGNITA

(**50 – 10**) **= 40** soldati indiani rimasti QUARTA INCOGNITA

e sommare i rimasti

(**27 + 43 + 40**) **= 110** numero totale soldati rimasti PRIMA INCOGNITA

Questa soluzione è più veloce, ha un'operazione in meno e non usa il dato del numero totale dei soldati, cioè 125. Dovete decidere voi quale strada percorrere, spesso ne avete a disposizione più di una, l'importante è arrivare al risultato esatto. Quando sarete più pratici della materia saprete scegliere la strada più corta!

PROBLEMI RISOLVIBILI CON LA DIVISIONE

? Marco possiede un sacchetto con 140 caramelle e decide di regalarle ai bambini che giocano nel parchetto vicino a casa sua, dato che sono di gusti che a lui non piacciono. Mentre scende le scale controlla il sacchetto e si accorge che 15 sono di gusti che non gli fanno proprio schifo e se le mette in tasca, le rimanenti le distribuisce a 5 bambini che lo conoscono e le accettano. (Mai prendere caramelle dagli sconosciuti!) Quante caramelle riceverà ogni bambino da Marco?

DATI/INCOGNITE

DATI	INCOGNITE
140 = n° totale caramelle di Marco	n° caramelle ricevute da ogni bambino?
15 = n° caramelle riprese da Marco	
5 = n° bambini che ricevono le caramelle rimaste	

RISOLVO:

Prima di tutto vediamo quante caramelle rimangono da distribuire dopo il ripensamento di Marco.

140 – 15 = 125 numero caramelle rimaste

Ora, se dovete distribuire 125 caramelle a 5 bambini, l'operazione che assegna a ciascuno una quantità è la divisione:

125 : 5 = 25 numero caramelle ricevute da ogni bambino

PROBLEMI RISOLVIBILI CON LA MOLTIPLICAZIONE

? La zia di Giovanni vuole rifarsi il guardaroba e compra della stoffa: per una gonna compra 2,5 m di rasatello di lana che costa 8 € al m, per un vestito compra 4 m di seta che costa 12 € al metro e per una giacca compra 3,50 m di gabardine che costa 18 € al m. Quanto spende in tutto?

Cos'è il rasatello?

Un tuo parente.

Cioè?

È il fratello dell'ignorantello...

Allora è anche tuo fratello!

No, da oggi sono figlia unica!

DATI/INCOGNITE

DATI	INCOGNITE
2,5 m = rasatello acquistato	spesa totale = ?
8 €/m = costo rasatello	
4 m = seta acquistata	
12 €/m = costo seta	
3,5 m = gabardine acquistato	
18 €/m = costo gabardine	

RISOLVO:
Quando conosco una quantità, come in questo caso, e il suo prezzo al metro, posso trovare il costo di tutta la quantità moltiplicando.

2,5 metri rasatello — stoffa che costa 8 € al metro

Se 1 metro costa 8 euro 2,5 metri costeranno:

2,5 × 8 = 20 € — costo totale rasatello

E così per gli altri tipi di stoffa.

4 × 12 = 48 € — costo totale seta
3,5 × 18 = 63 € — costo totale gabardine

Ora, per sapere quanto spende in tutto, basta addizionare le tre spese.

✓ **20 + 48 + 63 = 131 €** spesa totale

PROBLEMI "IN PRATICA"

Esaminiamo alcuni casi del quotidiano che magari ci hanno creato qualche problema! (Gioco di parole…)

? Se il prosciutto costa 3 euro all'etto quanto spendo se ne compro 70 grammi?

Lo chiedo al salumiere!

Ma quanto sei intelligente?

Mi merito una coppa?

Sì, ma in testa… Marco, lasciami lavorare.

Allora, prima di tutto devo trasformare i grammi in etti, vedere cioè a quanti etti corrispondono 70 grammi.
Questa trasformazione si chiama **equivalenza**:

70 g = 0,70 hg (etti)

Ora, anche se 0,70 etti è minore di 1 etto, moltiplico ugualmente questa quantità per il costo all'etto cioè per 3 euro.

✓ **0,70 × 3 = 2,1 €** spesa per 70 g di prosciutto

Idem per la stoffa: se una stoffa costa 12 € al metro e ne acquisto 85 centimetri, quanto spendo?

Svolgo l'equivalenza: 85 cm corrispondono a 0,85 m:

85 cm = 0,85 m

✓ 0,85 × 12 = 10,2 € spesa per 85 cm di stoffa

Sai cosa faccio io per non avere dubbi su quanto spenderò?

No, ma lo immagino...

O compro 1 etto oppure mezzo etto, così divido per 2 e buonanotte!

Sei proprio un furbone, speriamo che gli altri miei "lettori" non ti emulino.

Prima asino ora mulo, forse sto scendendo di categoria!

1.3.2 PROBLEMI RISOLVIBILI CON LE ESPRESSIONI

Quando vi sentirete più sicuri potrete risolvere i problemi con un'unica espressione che vi eviterà di fare tanti passaggi.
Tu, Marco, se mai un giorno riuscirai a risolvere un problema, l'unica espressione che potrai avere sarà quella di incredulità!

? In un teatro i biglietti costano: 15 € in platea, 12 € in prima galleria, 7 € in seconda galleria e 5 € in loggione. Se in occasione di uno spettacolo si vendono 350 biglietti della platea, 270 di prima galleria, 190 di seconda galleria e 80 di loggione, quanto incassa in tutto il teatro?

DATI/INCOGNITE

DATI	INCOGNITE
15 € = costo biglietto platea	incasso totale = ?
12 € = costo biglietto prima galleria	
7 € = costo biglietto seconda galleria	
5 € = costo biglietto loggione	
350 = n° biglietti venduti in platea	
270 = n° biglietti venduti in prima galleria	
190 = n° biglietti venduti in seconda galleria	
80 = n° biglietti venduti in loggione	

RISOLVO:

Eseguo l'espressione, senza mettere le parentesi tonde, dato che l'operazione di moltiplicazione ha già la precedenza.

$\mathbf{15 \times 350 + 12 \times 270 + 7 \times 190 + 5 \times 80} =$

✓ $5250 + 3240 + 1330 + 400 =$ **10.220 €** incasso totale

? Marco va in un grande magazzino a fare acquisti e nel suo portafoglio ha 50 €. Compra un paio di pantaloncini da casa e spende 7,50 €, una maglia a righe verticali (snelliscono) e spende 12 €, un paio di scarpe da ginnastica in saldo e spende 22 €.

Con i soldi rimasti decide di comprarsi delle pesche che costano 2,5 € al kg. Quanti kg di pesche può comprare Marco?

RISOLVO:
Posso fare in modo di creare un'espressione in cui le operazioni abbiano la precedenza giusta e, dato che devo come prima cosa eseguire la somma degli articoli acquistati, la metterò in una tonda che ha la precedenza. La seconda operazione sarà togliere dai 50 € la somma spesa e quindi userò la parentesi quadra che si risolve dopo la tonda. Lascio come ultima operazione la divisione che, essendo rimasta da sola, non ha bisogno di parentesi. Avrei anche potuto racchiuderla in una graffa, ma sarebbe stato abbastanza inutile.

$[50-(7,5+12+22)]:2,5=$

$[50-41,5]:2,5=$

✓ $8,5:2,5=$ **3,4 kg** pesche che Marco può acquistare

Speriamo non le mangi tutte in una volta!

? **Marco e Simone decidono di fare un weekend al mare per rilassarsi un po', hanno a disposizione 150 € ciascuno e, dato che non devono spendere nulla per il pernottamento perché la casa ce la mette la sorella di Marco, i soldi potrebbero anche bastare. Decidono di fare una cassa comune e, al ritorno, vogliono controllare i conti e dividere quanto rimasto. Controllando gli scontrini annotano quanto hanno speso: 52 € per spese di viaggio e 120 € per cibo. Si accorgono di non trovare gli scontrini della sala giochi e cercano di risalire alle giocate fatte: 4 a Mario Combat a 2 € ciascuna, 4 a Ken il guerriero a 1,50 € ciascuna, 2 a Dark Legion a 1 € ciascuna e 6 al preferito Spongebob Reef Rumple a 1,50 € ciascuna, più 6 € per i maxipopcorn e 5 € per surrogati di coca cola. Quanto rimane a Marco e Simone, dopo questo splendido e impegnativo weekend?**

DATI/INCOGNITE

DATI	INCOGNITE
150 € = soldi Marco	soldi rimasti a Marco = ?
150 € = soldi Simone	
52 € = spese viaggio	soldi rimasti a Simone = ?
120 € = spese cibo	
4 = n° giocate a *Mario Combat*	
2 € = costo giocata a *Mario Combat*	
4 = n° giocate a *Ken il guerriero*	
1,50 € = costo giocata a *Ken il guerriero*	
2 = n° giocate a *Dark Legend*	
1 € = costo giocata a *Dark Legend*	
6 = n° giocate a *Spongebob Reef Rumple*	
1,50 € = costo giocata a *Spongebob Reef Rumple*	
6 € = costo popcorn	
5 € = costo bevande	

RISOLVO:

Imposto l'espressione.

- Racchiudo nella prima parentesi tonda la somma degli importi che hanno a disposizione Marco e Simone;
- da questa somma devo togliere la somma di tutto quello che hanno speso e la racchiudo nella seconda tonda;
- nella seconda tonda includo anche le moltiplicazioni che servono per trovare quanto si spende per le giocate, per esempio 4 giocate da 2 € equivale a 4 x 2; dato che la moltiplicazione è un'operazione che ha la precedenza sull'addizione posso lasciare tutto nella stessa parentesi, in quanto non rischio di eseguire prima 120 + 4;
- infine racchiudo in una quadra la somma posseduta meno le spese, che corrisponde a quanto rimane complessivamente a Mario e Simone e fuori dalla quadra divido per 2 per trovare l'importo di ciascuno.

1

$$\left[(150+150)-(52+120+4\times 2+4\times 1{,}50+2\times 1+6\times 1{,}50+6+5)\right]:2=$$

$$\left[300-(52+120+8+6+2+9+6+5)\right]:2=$$

$$\left[300-(172+8+6+2+9+6+5)\right]:2=$$ per velocizzare il calcolo, eseguiamo tutta la somma nella tonda (siamo esperti...)

$$\left[300-208\right]:2=$$

$92:2=\mathbf{46}$ **€** euro rimasti a Marco e Simone

Ora vi assegno un po' di problemi, anzi, dato che l'argomento è abbastanza facile, li faccio inventare a Marco, vediamo se ha capito qualcosa di quello che abbiamo fatto e se riesce a creare il testo di un problema!

ESERCIZIO 5

A La signora Marinella si reca al supermercato e acquista: 1 confezione di riso superfino Arborio a 1,29 €, 3 confezioni di polenta taragna a 0,99 € cadauna, 1 cartone di vino Chianti docg da 6 bottiglie a 4,5 € cadauna e 2 confezioni di ravioli sottovuoto a 2,89 € cadauna. Sapendo che, una volta uscita dal supermercato, la donna incontra per caso un'amica e si ferma a chiacchierare con lei del più e del meno per circa quattro ore, quanto spende per questa spesa la signora Marinella? Più o meno delle imprecazioni che tira il marito che è a casa che aspetta che qualcuno gli prepari la cena?

B Il signor Peppino decide di comprare una canna da pesca da regalare a suo nipote Luigi e si reca al Pesca Planet per scegliere la canna più conveniente essendo notoriamente "parsimonioso". Sceglie un kit pesca superconveniente, con canna in carbonio provvista di mulinello e spende 84,00 €. Prima di uscire dal negozio vede anche un bel fodero per la canna che costa 10,90 €, ma è indeciso e non sa se acquistarlo perché ha a disposizione solo 100 € e prima di tornare a casa deve passare a comprare la frutta dal verduriere. Se sulla lista della spesa c'è scritto che deve acquistare 3 kg di pesche e 2 kg di mele e lui sa che le pesche costano 2,50 €/kg e le mele 2 €/kg: ce la farà a comprare anche il fodero per la canna?

Quanti soldi avanzerà il signor Peppino o quanti soldi gli mancheranno per questa spesa? E riuscirà a non fare confusione e a non comprare anche lo zucchero di canna? Ma soprattutto, riuscirà a non chiedere al fruttivendolo se ha le pesche a mulinello? E quando tornerà a casa avrà la frutta o dirà alla moglie che le pesche le andrà a pescare domani? Aiutatelo, senza calcolatrice è perso!

C Antonio e Manuela si recano a Milano per festeggiare il loro anniversario di matrimonio, lui la vuole portare al ristorante-pizzeria "Upescatore" lei dice che non vuole puzzare di merluzzo fritto per tre giorni e lo convince ad andare in un Sushi Restaurant molto esclusivo, lui dice che preferisce puzzare di merluzzo fritto piuttosto che fare un mese di straordinari. Alla fine lei tira in ballo che si vive una volta sola e finiscono al Sushi. Mangiano 2 porzioni di sushi da 15 € cadauna, una porzione di sashimi a 22 €, due porzioni di shabu shabu da 18 € cadauna e chiudono con due porzioni di tofu da 11 € cadauna. Quando arriva il conto, rigorosamente in giapponese, Antonio rimane di stucco, si tratta di 145,60 €! E pensa intensamente che sarebbe stato meglio mangiare il merluzzo che restare lì impietrito con un'aria da pesce lesso! Quanto sono costati servizio e bevande ad Antonio e Manuela in questa romantica cenetta sapendo che il volto di Antonio è paonazzo ma sembra pallido rispetto al colore rosso fuoco del suo conto corrente?

1.4 RISOLVERE I PROBLEMI CON IL METODO GRAFICO

Affrontiamo ora questo argomento che può sembrare un po' spinoso, ma che a me piace tantissimo.

Ragazzi... promette male!

Marco sei sempre il solito.

Non posso farci niente se non abbiamo gli stessi gusti sorellina...

Credete a me, questi problemi sono interessanti e grazie al metodo grafico anche più semplici da capire.

METODO GRAFICO

Il metodo grafico consiste nel riportare graficamente i dati del problema.
Noi per semplicità useremo dei segmenti.
In geometria si indica con **segmento** una parte di retta compresa tra due punti.

———————— questo è un segmento

1.4.1 CONOSCO LA SOMMA E LA DIFFERENZA DI DUE GRANDEZZE

? La somma di due numeri è 46 e la loro differenza è 14. Quali sono i due numeri?

Possiamo indicare i due numeri che non conosciamo con le lettere A e B.

DATI/INCOGNITE

DATI	INCOGNITE
A + B = 46	A = ?
A – B = 14	B = ?

→ B sarà il numero minore dato che lo sottraiamo da A per indicare la differenza

RAPPRESENTIAMO LA TABELLA CON IL METODO GRAFICO:
Il primo segmento corrisponde ad A, il secondo segmento corrisponde a B, traccio la linea verticale per evidenziare il segmento differenza che disegno sotto in arancione

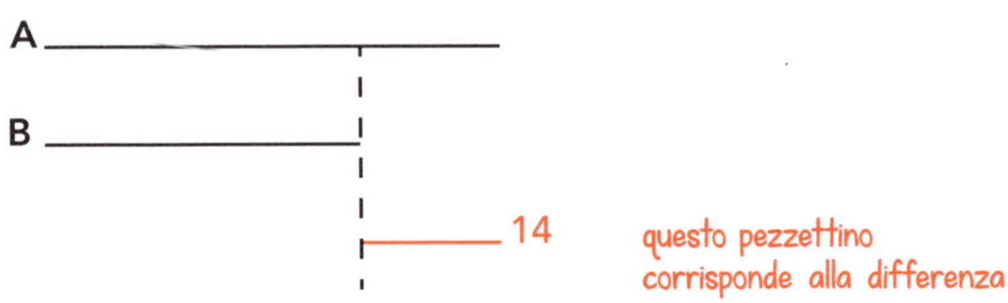

RISOLVO:
Se tolgo questo pezzettino dalla somma dei due segmenti ottengo due segmenti uguali a B, che corrisponde al numero minore.
Allora guardate bene il grafico, voi conoscete il valore di:

A + B = **46** — se da questo valore togliete la differenza 14, cioè il segmento arancione, avrete due volte il valore di B

(SOMMA – DIFFERENZA) : 2 = grandezza minore

B = (46 – 14) : 2 = 16

Guardate ancora il grafico, se B è uguale a 16, per trovare A farò:

A = 16 + ___ = 16 + 14 = 30
(14)

✓ **Quindi B = 16 e A = 30**

UNA SECONDA RISOLUZIONE POTEVA ESSERE:
Anche in questo caso ci sono altri modi per risolvere il problema, per esempio possiamo trovare per prima la grandezza maggiore (magari la richiesta del problema è proprio quella di partire dalla grandezza maggiore).

RAPPRESENTIAMO LA TABELLA CON IL METODO GRAFICO:

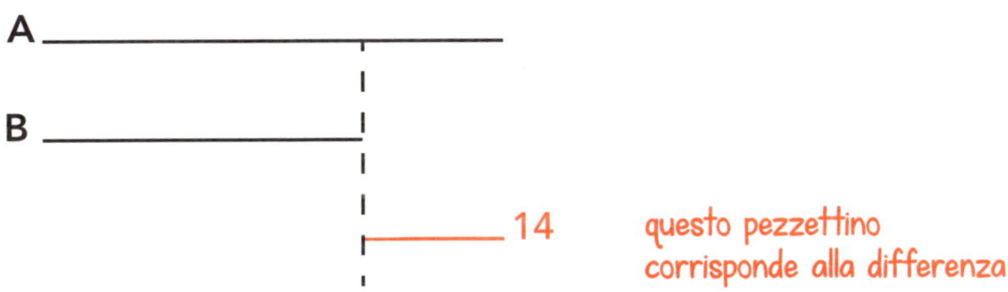

RISOLVO:
Se alla somma A + B aggiungo il pezzettino arancione, cioè 14, ottengo due volte la quantità maggiore, cioè due volte A, e dividendo per due ottengo A.

(SOMMA + DIFFERENZA) : 2 = grandezza maggiore

A = (46 + 14) : 2 = 60 : 2 = 30

Quindi B = 30 – 14 = 16

CONOSCO LA SOMMA E LA DIFFERENZA DI DUE GRANDEZZE

Se di due grandezze si conoscono la loro somma e la loro differenza, per trovare la grandezza minore e la grandezza maggiore basterà fare:

GRANDEZZA MINORE = (SOMMA – DIFFERENZA) : 2
GRANDEZZA MAGGIORE = (SOMMA + DIFFERENZA) : 2

? Elena e Marco insieme pesano 134 kg e Marco pesa 30 kg più di Elena. Quanto pesa Marco e quanto pesa Elena?

Analizziamo il testo: ci viene indicata la somma del peso di Marco e di quello di Elena (la somma) e quanto Marco pesa più di Elena: cioè questo corrisponde alla differenza tra i pesi, è come dire che la differenza tra il peso di Marco e quello di Elena è di 30 kg.

Marco pesa 30 kg più di Elena
peso di Marco – peso di Elena = 30 Kg (differenza)

DATI/INCOGNITE

DATI	INCOGNITE
Marco + Elena = 134 kg	Marco = ?
Marco – Elena = 30 kg	Elena = ?

RAPPRESENTIAMO LA TABELLA CON IL METODO GRAFICO:

(SOMMA – DIFFERENZA) : 2 =
(134 – 30) : 2 =
✓ **104 : 2 = 52 kg** peso di Elena

Basta aggiungere al peso di Elena la differenza tra i due pesi (30 kg) per ottenere il peso di Marco.

Marco:
✓ **52 + 30 = 82 kg** peso di Marco

UNA SECONDA RISOLUZIONE POTEVA ESSERE:
Dato che Marco + Elena pesano 134 kg, se da questa somma tolgo il peso di Elena, ottengo il peso di Marco.

Tolgo il peso di Elena dalla somma del peso di Marco + Elena, cioè 52 kg.

✓ **134 – 52 = 82 kg** ho ottenuto lo stesso risultato con un'altra strada

In questo problema, abbiamo visto che dire "la differenza" e dire "uno supera l'altro di..." è la stessa cosa.

1.4.2 CONOSCO LA SOMMA DI TRE O PIÙ GRANDEZZE E DI QUANTO UNA SUPERA L'ALTRA

? La somma di 3 segmenti è di 64 cm, sapendo che il secondo supera il primo di 3 cm e che il terzo supera il secondo di 4 cm, determinate la lunghezza di ogni segmento.

RAPPRESENTIAMO LA TABELLA CON IL METODO GRAFICO:
Facciamo il grafico e rappresentiamo la grandezza più piccola che, avrete capito, è il primo segmento:

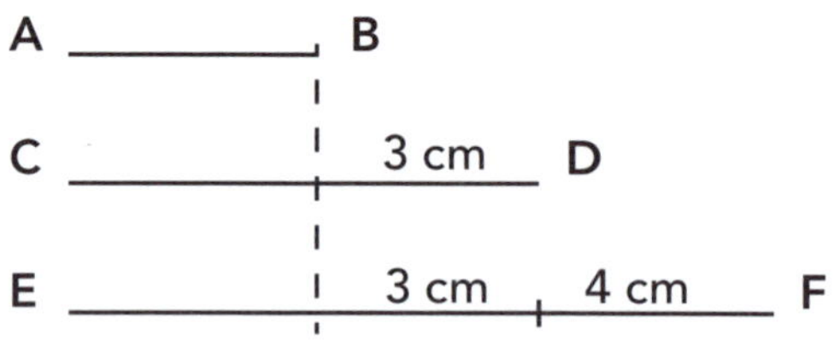

Ho inserito una linea verticale che isola la parte in cm che viene indicata dal problema, nell'ultimo segmento ho scritto 3 cm perché fino a lì è come $\overline{CD}$ e
4 cm perché indica la parte in più rispetto a $\overline{CD}$.
Avrete capito che con la linea verticale isolo a sinistra 3 segmenti uguali ad $\overline{AB}$ e a destra tutte le parti espresse in centimetri.
Quando spiego questo argomento alla lavagna copro con un foglio la parte in cm e dico: la somma dei tre segmenti è 64 cm: se da questa somma tolgo tutta questa parte coperta cosa ottengo?
E i miei alunni rispondono: «3 volte lo stesso segmento!».

DATI/INCOGNITE

DATI	INCOGNITE
$\overline{AB} + \overline{CD} + \overline{EF} = 64$ cm	$\overline{AB} = ?$
$\overline{CD} = \overline{AB} + 3$ cm	$\overline{CD} = ?$
$\overline{EF} = \overline{CD} + 4$ cm	$\overline{EF} = ?$

Quindi, dalla somma dei tre segmenti tolgo la somma della parte in cm e divido per 3 e trovo il segmento più piccolo:

$\overline{AB}$ = [64 – (3 + 3 + 4)] : 3 =
[64 – 10] : 3 =
54 : 3 = 18 cm

$\overline{CD}$ = 18 + 3 = 21 cm — $\overline{CD}$ è 3 cm più del primo

$\overline{EF}$ = 21 + 4 = 25 cm — $\overline{EF}$ è 4 cm più del secondo

Come prova, sommate i 3 segmenti e vi deve venire 64 cm!
18 + 21 + 25 = **64**

CONOSCO LA SOMMA DI 2 O + GRANDEZZE E DI QUANTO UNA SUPERA L'ALTRA

Quando conosco la somma di due o più grandezze e di quanto una supera l'altra, per trovare **la quantità più piccola** tolgo dalla somma conosciuta la somma di tutte le parti espresse in cm e divido il risultato ottenuto per il numero delle grandezze.

Se vogliamo trovare la **quantità maggiore** cosa facciamo?

RAPPRESENTIAMO LA TABELLA CON IL METODO GRAFICO:

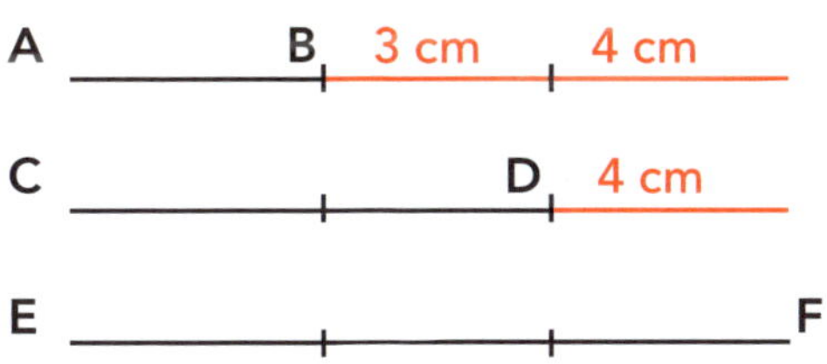

Pareggio tutti i segmenti e li faccio diventare tutti uguali al maggiore.
In questo caso ho aggiunto al primo 3 cm + 4 cm e al secondo 4 cm.
Sapendo che la somma di $\overline{AB}+\overline{CD}+\overline{EF}$ è 64 cm, se aggiungo le parti in colore ottengo 3 volte il segmento maggiore:

$\overline{EF}$ = [64 + (3 + 4 + 4)] : 3 =
[64 + 11] : 3 =
75 : 3 = 25 cm

$\overline{CD}$ = 25 – 4 = 21 cm

$\overline{AB}$ = 21 – 3 = 18 cm

Naturalmente i risultati sono uguali, ma siamo partiti dal segmento maggiore.

1.4.3 CONOSCO LA SOMMA DI DUE GRANDEZZE E SO CHE UNA È IL DOPPIO, TRIPLO ECC. RISPETTO ALL'ALTRA...

? La somma di 2 numeri è 300 e uno è il doppio dell'altro, calcolate i due numeri.

DATI/INCOGNITE

DATI	INCOGNITE
A + B = 300	X = ?
A = 2 x B	Y = ?

A è uguale a 2 volte B, cioè al doppio
A è uguale al doppio di B:
vuol dire che contiene 2 volte B

A ——+—— 2 parti

B —— 1 parte

Dal grafico possiamo vedere che la somma di A + B è formata da 3 parti uguali a B.

B = SOMMA : 3
(**300 : 3**) = **100**

A = B × 2
100 × 2 = 200

? Un nonno vuole fare un regalo ai suoi 3 nipoti e vuole dividere 294 € in modo che il primo nipote abbia il doppio del secondo e il terzo nipote abbia il doppio del primo. Quanto darà a ciascun nipote?

Dimmi dove posso trovare i tre nipoti, così vado a domandarglielo...

(indicheremo le somme così: X = somma primo nipote, Y = somma secondo nipote e Z = somma terzo nipote)

DATI/INCOGNITE

DATI	INCOGNITE
294 € = somma da dividere	X = ?
X = 2 x Y	Y = ?
Z = 2 x X	Z = ?

RAPPRESENTIAMO LA TABELLA CON IL METODO GRAFICO:
Adesso dovete fare la rappresentazione grafica e dovete individuare qual è la grandezza minore. Se X è 2 volte Y e Z è 2 volte X, la grandezza più piccola è Y, partiamo da Y:

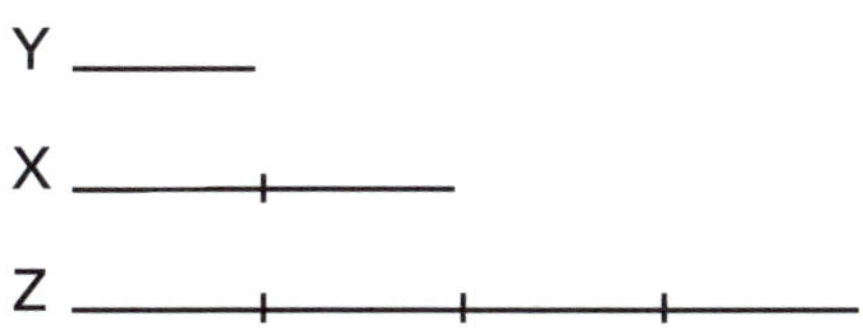

Dato che l'unico dato "significativo" che abbiamo è 294 €, dobbiamo capire come adoperarlo!

294 € corrisponde a X + Y + Z (somma delle 3 quote)
Dal grafico si capisce che tale somma è divisa in 7 parti uguali. In questi grafici, noi dobbiamo sempre trovare il valore di una parte. Quindi, se 7 parti valgono 294 €, una parte varrà:

- **Y = 294 : 7 = 42 €** somma data al 2° nipote
- **X = 42 x 2 = 84 €** somma data al 1° nipote
- **Z = 84 x 2 = 168 €** somma data al 3° nipote

Come prova sommate i 3 numeri e il risultato dev'essere 294 €.
42 + 84 + 168 = **294**

Non riesco a capire queste ingiustizie, se questo dava a tutti la stessa cifra risparmiavamo tempo e non ci incasinavamo la testa con X, Y, Z!

CONOSCO LA SOMMA DI DUE O + GRANDEZZE E SO CHE UNA È IL DOPPIO, IL TRIPLO...

Se conosco la somma di 2 o più grandezze e so che una è il doppio, il triplo ecc. dell'altra, devo fare:
SOMMA : N° PARTI IN CUI È DIVISA = MISURA DI UNA PARTE

1.4.4 CONOSCO LA DIFFERENZA DI DUE GRANDEZZE E SO CHE UNA È IL DOPPIO, TRIPLO ECC. RISPETTO ALL'ALTRA...

Questo caso è simile al precedente, l'unica differenza è che:

- nel caso precedente dovevo trovare in quante parti uguali era divisa la somma;
- in questo caso devo trovare in quante parti uguali è divisa la differenza.

? La differenza tra due numeri è 72 e uno è il quadruplo dell'altro. Trovate i due numeri.

Chiamo A e B i due numeri del problema.

DATI/INCOGNITE

DATI	INCOGNITE
A – B = 72	A = ?
A = 4B	B = ?

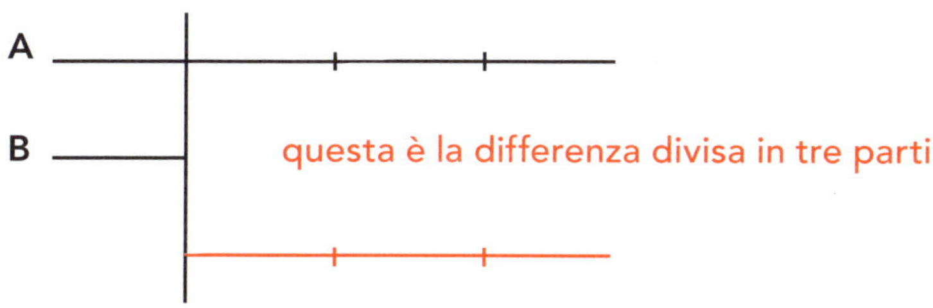

La differenza è divisa in 3 parti uguali, quindi per trovare la misura di una parte che corrisponde a B facciamo:

✓ **B = 72 : 3 = 24** misura di una parte

✓ **A = 24 × 4 = 96** A è 4 parti

Posso fare la prova e verificare che la differenza tra i due numeri trovati corrisponda a 72: 96 – 24 = **72**

? Marco ha il triplo delle caramelle di Simone. Se la differenza tra le caramelle di Marco e quelle di Simone è 24, quante caramelle hanno a testa?

DATI/INCOGNITE

DATI	INCOGNITE
M = 3S	M = ?
M – S = 24	S = ?

Indichiamo con M le caramelle di Marco e con S le caramelle di Simone

RAPPRESENTIAMO LA TABELLA CON IL METODO GRAFICO:

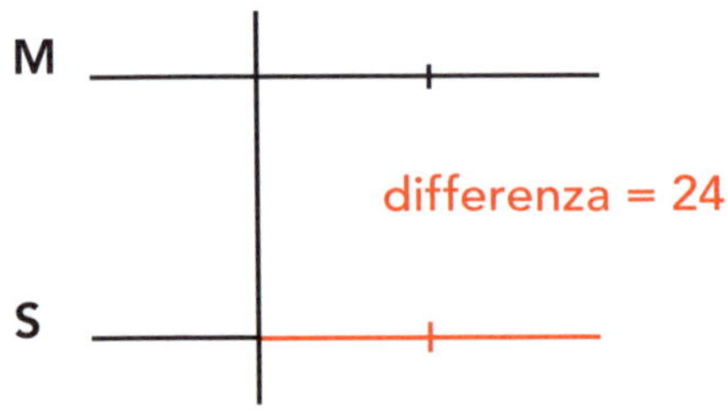

✓ **S = 24 : 2 = 12** valore di una parte che corrisponde anche alla quantità di Simone

✓ **M = 12 × 3 = 36** valore di 3 parti che corrisponde alla quantità di Marco

? La mamma di Lucia (è un po' che non la consideriamo) ha acquistato al supermercato un tubo di conserva e uno spazzolino da denti elettrico. Sapendo che lo spazzolino costa 3 volte il doppio del costo della conserva e che la differenza tra i due prezzi è di 10 €, calcolate il costo della conserva e dello spazzolino.

Svolgiamo il problema indicando con S = costo spazzolino e con C = costo conserva.

DATI/INCOGNITE

DATI	INCOGNITE
S = 3 × 2 C	S = ?
S – C = 10 €	C = ?

RAPPRESENTIAMO LA TABELLA CON IL METODO GRAFICO:

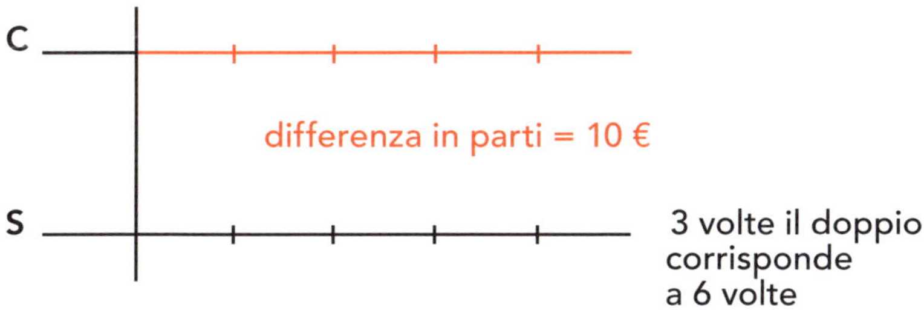

✓ **C = 10 : 5 = 2 €** — la differenza è divisa in 5 parti, così trovo il valore di 1 parte che corrisponde alla conserva

✓ **S = 2 × 6 = 12 €** — Valore di 1 parte moltiplicata per 6; trovo 6 parti, cioè lo spazzolino

Dite che questa pazza si lava i denti con la conserva?

Marco devi pensare al procedimento del problema, non al contenuto!

Ahhh! A me non mi viene di pensare a 'sto procedimento...

Ora provate a risolvere qualche problema da soli.

ESERCIZIO 6

A Due amici, Andrea e Martina, possiedono in tutto 45 figurine e Andrea ne ha 13 più di Martina. Quante figurine sono di Andrea e quante di Martina? (Ricordate: dire "ne ha in più" equivale a dire "la differenza tra i due è"!)

B Valentina ha 15 francobolli più di Francesca e Francesca ne ha 4 più di Giulia. Se complessivamente le tre ragazze hanno 38 francobolli, quanti francobolli ha Valentina, quanti Francesca e quanti Giulia?

C La somma di due numeri è 84 e un numero è triplo dell'altro, quali sono i due numeri ?

D La differenza di due numeri è 45 e un numero è quadruplo dell'altro, quali sono i due numeri?

E Un papà distribuisce la paghetta settimanale ai suoi tre figli in base ai risultati ottenuti a scuola: ad Alberto dà il doppio di Nicolò e a Paolo dà 10 € più di Alberto. Se in tutto il papà dà 35 €, quanto ricevono a testa Alberto, Nicolò e Paolo.

F Per fare una torta la mamma di Lucia ha impiegato il triplo del tempo impiegato per fare il sugo della pasta. Se in tutto è rimasta in cucina dalle ore 18:00 alle ore 20:00, quanto tempo ha impiegato a fare la torta? E quanto tempo a fare il sugo?

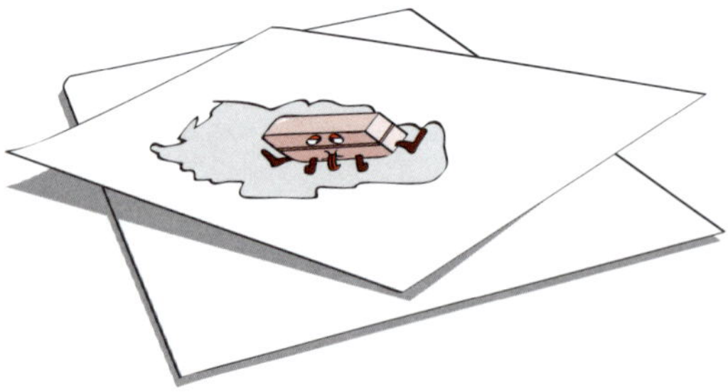

FARE LA SPESA

Questa è un'attività che abbiamo di certo tutti in comune. Dal momento che siamo quotidianamente impegnati con lettura degli scontrini, pagamento e resto, perché non approfittare per esercitarsi in matematica mentre si fa la spesa? Vediamo in breve come può essere facile e divertente...

ANALISI DELLO SCONTRINO

Lo scontrino della spesa deve essere controllato perché a volte, per errore, viene inserito due volte lo stesso articolo o perché non vengono scalate le percentuali di sconto delle offerte. Potete controllarlo a casa e un buon esercizio è rifare la somma degli importi mentalmente: mantiene giovane il cervello e col tempo ci rende veloci nel calcolo.

Uno scontrino, si presenta come una più o meno lunga serie di cifre in colonna, così:

1,89
3,23
0,80
3,00
4,82
1,91
0,77
6,79

PUÒ SEMPRE SERVIRE

Per velocizzare il calcolo, quando avete tante cifre in colonna, potete usare un semplice stratagemma. Nella colonna dove iniziate a contare, la prima di destra (colorata qui sotto) cercate di associare i numeri la cui somma termini per zero o per cinque (numeri facili): dovete essere abili a individuarli e, dato che saltate le righe, a non dimenticarne qualcuno.

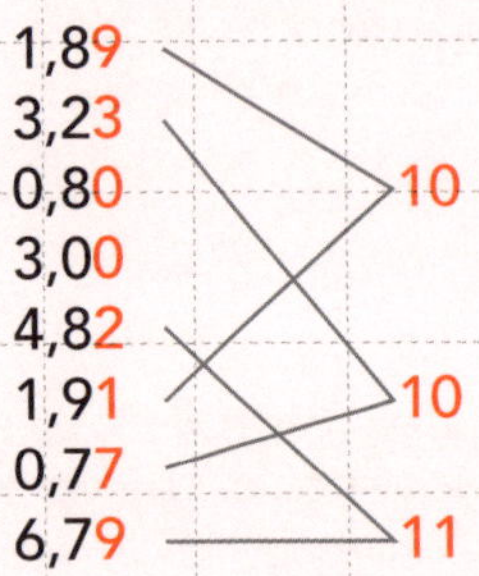

Nell'esempio **la somma** della prima colonna di destra **è 31**, tenete a mente il risultato della prima colonna a destra, 1, e riportate il 3 nella colonna centrale, alla destra della virgola. Procedete quindi con le associazioni, come per la colonna precedente.

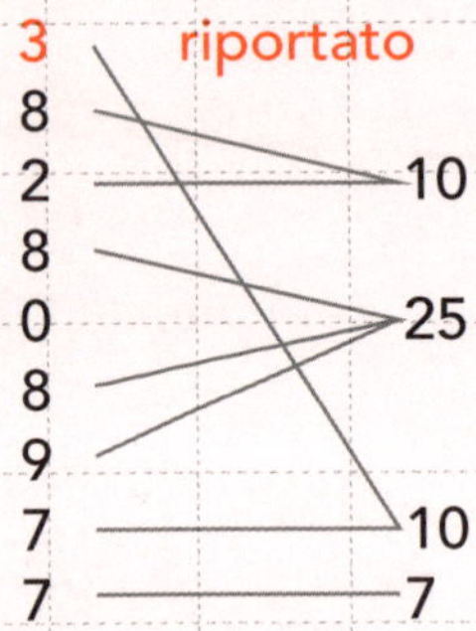

La somma è 52: tenete a mente risultato della seconda colonna a destra, 2, da mettere prima dell'1 già memorizzato, e riportate il 5 nella prima colonna a sinistra. Procedete quindi ancora con le associazioni, come fatto fino ad ora.

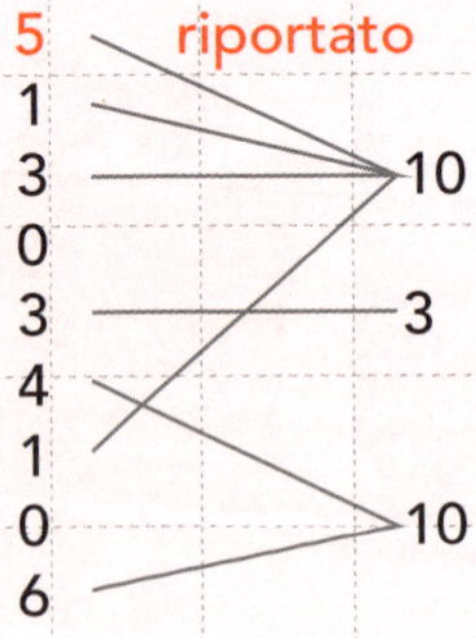

La somma dà 23.
Avevamo 21: mettiamolo insieme al 23. Otteniamo 23,21 €.

Facile, esercitatevi tutti i giorni: diventerà un gioco!

Oh! Ma che spesa hai fatto? Io non spendo mai così poco!

Come al solito tu vai alla sostanza degli argomenti: questo era solo un esempio e poi impara a fare la spesa, così magari perdi qualche chilo!

PAGAMENTO E RESTO

Veniamo a un'altra questione spinosa. Come pagate questa spesa? Se usate il Bancomat o la carta di credito non avete il problema del resto.
Con i contanti, invece, dovete stare più attenti, anche se è vero che sullo scontrino compaiono le singole voci:

TOTALE	(importo spesa)
CONTANTI	(indica quanti soldi date)
RESTO	(indica il resto che dovete ricevere)

A volte la cassiera si accorge di non avere monetine sufficienti e vi chiede altri soldi per poter darvi il resto con monete più grosse. In questo caso, non si sfugge, dovete stare attenti e non avete una soluzione facile. Facciamo degli esempi…

Primo esempio: dovete pagare 9,50 €, date 10 € e la cassiera non ha i 50 centesimi di resto. Allora, vi chiede se voi avete 50 centesimi da darle, così lei a sua volta vi può dare 1 € di resto.

Importo spesa	9,50 €
Contante	10,50 €
Resto	1,00 €

Secondo esempio: dovete pagare 43,70 €, date 50 € e la cassiera dovrebbe darvi 6,30 € di resto, ma non ha i 30 centesimi. Allora, vi chiede se voi avete 20 centesimi da darle, così lei a sua volta vi può dare 6,50 € di resto.

Importo spesa	43,70 €
Contante	50,20 €
Resto	6,50 €

2

2.1 IL CONCETTO DI POTENZA

2.1.1 Elevare a potenza un numero
2.1.2 Alcuni casi particolari

2.2 LE PROPRIETÀ DELLE POTENZE

2.2.1 Prodotto di potenze con ugual base e diverso esponente
2.2.2 Quoziente (il quoziente è il risultato della divisione) di potenze con ugual base e diverso esponente
2.2.3 Prodotto di potenze con diversa base e ugual esponente
2.2.4 Quoziente di potenze con diversa base e ugual esponente
2.2.5 Potenza di una potenza

2.3 ESPRESSIONI CON LE POTENZE

Lezione I – Espressioni con le potenze senza le parentesi
Lezione II – Espressioni con le potenze con le parentesi

2.4 CENNI AI PROBLEMI CON LE POTENZE

PUÒ SEMPRE SERVIRE IL SISTEMA METRICO DECIMALE

2.1
IL CONCETTO DI POTENZA

2

POTENZA = "3 ALLA QUARTA"

3^4 → ESPONENTE
↓
BASE

La potenza di un numero è composta da una base e da un esponente.
Nell'esempio riportato sopra la potenza viene letta: "tre alla quarta".

2.1.1 ELEVARE A POTENZA UN NUMERO

Per ottenere il valore della potenza 3^4 dobbiamo moltiplicare la base 3 per se stessa tante volte quante indicato dall'esponente, quindi 4 volte.

$3^4 = \underbrace{3 \times 3 \times 3 \times 3}$

LA BASE VA RIPETUTA 4 VOLTE

questa operazione prende il nome di elevamento a potenza

$3^4 = 3 \times 3 \times 3 \times 3 = \mathbf{81}$

Facciamo qualche altro esempio:

$3^1 = \mathbf{3}$	3 alla prima
$3^2 = 3 \times 3 = \mathbf{9}$	3 alla seconda o al quadrato
$3^3 = 3 \times 3 \times 3 = \mathbf{27}$	3 alla terza
$3^4 = 3 \times 3 \times 3 \times 3 = \mathbf{81}$	3 alla quarta
$3^5 = 3 \times 3 \times 3 \times 3 \times 3 = \mathbf{243}$	3 alla quinta

2.1.2 ALCUNI CASI PARTICOLARI

Come sempre, possiamo approfondire il concetto di operazione di elevamento a potenza esemplificando alcuni casi particolari, legati a determinati valori di base o esponente.

■ ESPONENTE 1

Se l'esponente è uguale a 1, la potenza è sempre uguale alla base.

$2^1 = 2$

$3^1 = 3$

$4^1 = 4$

L'esponente 1 non viene quasi mai scritto, si mette solo quando si svolgono gli esercizi nei quali si applicano le proprietà delle potenze.

■ ESPONENTE 2

La potenza di un numero con esponente 2 viene detta quadrato, perché la base viene ripetuta nella moltiplicazione 2 volte e questa operazione è quella che si fa per trovare l'area di un quadrato.

L'AREA DEL QUADRATO

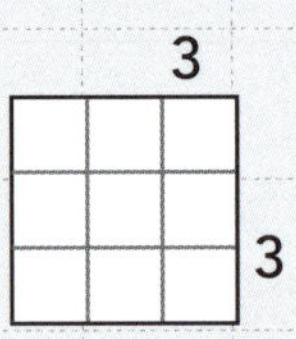

L'area di un quadrato si ottiene moltiplicando lato × lato.

Se il lato del quadrato è 3 ⟶ Area $= 3 \times 3 = 9$
Tre al quadrato $= 3^2 = 3 \times 3 = 9$

ESPONENTE 3

La potenza di un numero con esponente 3 è detta cubo, perché la base è ripetuta nella moltiplicazione 3 volte e questa operazione è quella che si fa per trovare il volume di un cubo.

Quindi, io che non capisco un cubo, non ci capisco tre volte?

No, MOLTE di più! Vedi un po' sotto…

IL VOLUME DEL CUBO

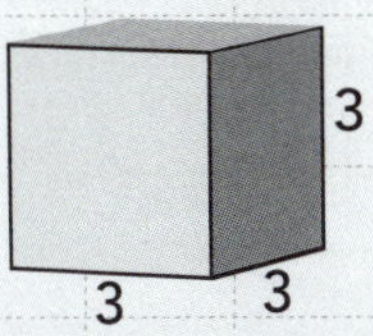

Il volume del cubo si ottiene moltiplicando lato × lato × lato.

Se il lato del cubo è 3 ⟶ Volume = $3 \times 3 \times 3 = 27$
Tre al cubo = $3^3 = 3 \times 3 \times 3 = 27$

ESPONENTE 0

Qualsiasi potenza con esponente uguale a 0 è sempre uguale a 1. Questa regola è stata stabilita dai matematici e dobbiamo accettarla così! Con una sola **eccezione**: 0^0 non ha significato.

$0^0 =$ non ha significato

$1^0 = 1$

$2^0 = 1$

$3^0 = 1$

$150^0 = 1$

$348^0 = 1$

- **BASE 1**

Se la base è uguale a 1, la potenza è sempre uguale a 1.

$1^1 = 1$

$1^2 = 1$

$1^3 = 1$

$1^4 = 1$

Se la base è 1, qualsiasi sia l'esponente, la potenza sarà uguale alla base e cioè a 1, dato che si ottiene moltiplicando la base per se stessa (1 per se stesso).

$1^5 = 1 \times 1 \times 1 \times 1 \times 1 = 1$

Ricordate che l'esponente 1 non viene quasi mai messo, in quanto qualsiasi numero elevato alla 1 ha come risultato se stesso.

- **BASE 0**

Se la base è uguale a 0, la potenza è sempre uguale a 0. Con la stessa **eccezione** già vista prima: 0^0 non ha significato.

$0^0 =$ non ha significato

$0^1 = 0$

$0^2 = 0$

$0^3 = 0$

$0^4 = 0$

- **BASE 10**

Elevare a potenza la base 10 è un gioco, basta contare gli zeri guardate:

$10^2 = 100$ esponente 2 risultato finale 2 zeri

$10^3 = 1.000$ esponente 3 risultato finale 3 zeri

$10^4 = 10.000$ esponente 4 risultato finale 4 zeri

$10^5 = 100.000$ esponente 5 risultato finale 5 zeri

$10^6 = 1.000.000$ esponente 6 risultato finale 6 zeri

Ma il risultato di due zeri non è un pareggio?

Cercare di spiegare la matematica a te è sempre e solo una perdita... di tempo!

BASE 0,1

Il giochetto è lo stesso di prima, ma al contrario: ricordatevi quando abbiamo fatto le moltiplicazioni con la virgola, alla fine si contavano i posti nel risultato per mettere la virgola:

$0,1^2$ equivale a $0,1 \times 0,1$

0,**1** ×	**un posto** dopo la virgola
0,**1** =	**un posto** dopo la virgola
01	
00-	
0,**01**	un posto + un posto = **due posti** dopo la virgola

$0,1^2 = 0,01$ esponente 2 risultato finale 2 zeri

$0,1^3 = 0,001$ esponente 3 risultato finale 3 zeri

$0,1^4 = 0,0001$ esponente 4 risultato finale 4 zeri

$0,1^5 = 0,00001$ esponente 5 risultato finale 5 zeri

con la virgola sempre dopo il primo zero

2.2
LE PROPRIETÀ DELLE POTENZE

Esistono delle proprietà di cui godono le potenze che a noi servono per rendere più veloci i calcoli; vale la pena conoscerle, pur sapendo che se non è espressamente richiesto dall'esercizio, possiamo anche non applicarle e seguire la strada più lunga.

Elenchiamo le proprietà:

- prodotto di potenze con ugual base e diverso esponente
- quoziente (divisione) di potenze con ugual base e diverso esponente
- prodotto di potenze con diversa base e ugual esponente
- quoziente (divisione) di potenze con diversa base e ugual esponente

Caso particolare: quoziente di potenze con ugual base e ugual esponente.

- potenza di una potenza

2.2.1 PRODOTTO DI POTENZE CON UGUAL BASE E DIVERSO ESPONENTE

Moltiplichiamo due potenze che hanno la stessa base (2) e diverso esponente (una ha 3, l'altra ha 4).

✓ $\mathbf{2^3 \times 2^4 = 2^{3+4} = 2^7}$

$2^3 \times 2^4 = (2 \times 2 \times 2) \times (2 \times 2 \times 2 \times 2) = 2^7$
il risultato è una potenza che ha per base la stessa base (2) e per esponente la somma degli esponenti (3+4)

✓ $\mathbf{5^2 \times 5^3 \times 5 \times 5^4 = 5^{2+3+1+4} = 5^{10}}$

l'esponente 1 non viene indicato, ma va calcolato nella somma degli esponenti, non si vede ma c'è!

2.2.2 QUOZIENTE (IL QUOZIENTE È IL RISULTATO DELLA DIVISIONE) DI POTENZE CON UGUAL BASE E DIVERSO ESPONENTE

Dividiamo due potenze che hanno la stessa base (5) e diverso esponente (una ha 6, l'altra ha 4).

✓ $\mathbf{5^6 : 5^4 = 5^{6-4} = 5^2}$

il risultato è una potenza che ha per base la stessa base (5) e per esponente la differenza degli esponenti (6 – 4)

$24^9 : 24^5 = 24^{9-5} = \mathbf{24^4}$

✓ $13^7 : 13^4 : 13 = 13^{7-4-1} = \mathbf{13^2}$

↓ ESPONENTE 1 (sotto il 13 senza esponente)

la regola vale anche per 3 o più potenze

2.2.3 PRODOTTO DI POTENZE CON DIVERSA BASE E UGUAL ESPONENTE

Moltiplichiamo due potenze che hanno base diversa (una ha 6, l'altra ha 7) e uguale esponente (4).

✓ $\mathbf{6^4 \times 7^4 = (6 \times 7)^4 = 42^4}$

il risultato è una potenza che ha perbase il prodotto delle basi (6 x 7) e per esponente lo stesso esponente (4)

Questa regola vale anche per tre o più potenze, il risultato è una potenza che ha per base il prodotto delle basi e per esponente lo stesso esponente.

✓ $12^3 \times 2^3 \times 1^3 = (12 \times 2 \times 1)^3 = \mathbf{24^3}$

2.2.4 QUOZIENTE DI POTENZE CON DIVERSA BASE E UGUAL ESPONENTE

Dividiamo due potenze che hanno diversa base (una ha 56, l'altra ha 8) e uguale esponente (4).

✓ $\mathbf{56^4 : 8^4 = (56 : 8)^4 = 7^4}$ il risultato è una potenza che ha per base il quoziente delle basi (56 : 8) e per esponente lo stesso esponente (4)

Vale anche per tre o più potenze:

✓ $75^6 : 5^6 : 3^6 = (75 : 5 : 3)^6 = (15 : 3)^6 = \mathbf{5^6}$

Un caso particolare è quello di un **quoziente di potenze con ugual base e ugual esponente:**

✓ $3^5 : 3^5 = 3^{5-5} = 3^0 = 1$ regola delle basi uguali

✓ $3^5 : 3^5 = (3 : 3)^5 = 1^5 = 1$ regola degli esponenti uguali

Quando capita questo caso, infatti, posso risolverlo scegliendo una delle due regole precedenti.

Ricordate: il risultato della divisione di due numeri uguali è sempre 1 (per esempio, 5 : 5 = 1 e 342 : 342 = 1); quindi anche $3^5 : 3^5 = 1$, pur senza applicare le proprietà.

Un altro caso particolare è quello di un **prodotto di potenze con ugual base e ugual esponente.**

Posso risolverlo in due modi. Il risultato non cambia, scegliete la regola che preferite.

- come prodotto di potenze con ugual base e diverso esponente:
  $\mathbf{3^2 \times 3^2} = 3^{2+2} = 3^4 = \mathbf{81}$
- come prodotto di potenze con diversa base e ugual esponente :
  $\mathbf{3^2 \times 3^2} = (3 \times 3)^2 = 9^2 = \mathbf{81}$

2.2.5 POTENZA DI UNA POTENZA

Elevare a potenza una potenza sembra un gioco di parole, ma il risultato è una potenza che ha per base la stessa base e per esponente il prodotto degli esponenti.

✓ $(3^2)^4 = 3^{2\times4} = 3^8$

✓ $\{[(32)^2]^3\}^4 = 32^{2\times3\times4} = 32^{24}$

il risultato è una potenza che ha per base la stessa base (3) e per esponente il prodotto degli esponenti

In tutti gli esempi che abbiamo visto fino ad ora, abbiamo lasciato il risultato espresso come potenza, senza calcolarne il valore. Se non è espressamente richiesto, infatti, potete lasciare così i risultati degli esercizi sulle potenze.
Calcolare la potenza 32^{24} significa moltiplicare 32 per se stesso 24 volte: forse è meglio lasciarlo espresso così!

Qualche volta sembri umana!

Su, Marco, esercitati che poi ti correggo il compito!

ESERCIZIO 7

A Calcolate il valore delle seguenti potenze:
2^3; 4^2; 3^4; 7^2; 9^3; 12^2; 11^3

Eseguite le operazioni applicando le proprietà delle potenze:

B $5^4 \times 5^3 \times 5^2 =$

C $2^{14} \times 2^x = 2^{20}$

D $125^x : 125^6 = 125^8$

E $(9^2 \times 9^3 \times 9) : 9^6 =$

F $[(34^2)^4]^3 =$

G $(3^5 \times 3^6)^4 : (3^9 \times 3^2 \times 3)^3 =$

H $[(11^4 : 11)^2 \times 11^2]^3 : 11^{10} =$

I $(24^2 : 12^2) \times 6^2 =$

L $(3^8 \times 2^8 \times 4^8)^2 =$

M $135^2 : 5^2 \times 4^2 =$

N $12^7 : 12^5 : 12 =$

2.3
ESPRESSIONI CON LE POTENZE

Ora facciamo un po' di espressioni!

Non intendevo espressioni di questo tipo!

Lo so, ti stai annoiando con la teoria sulle potenze: ora passiamo alla pratica e vedrai che sarà più divertente!

Le espressioni con le potenze si risolvono quasi come le altre:

- le precedenze delle parentesi sono le stesse,
- le potenze hanno la precedenza sulle altre operazioni,
- può essere utile/conveniente guardare sempre se si possono applicare le proprietà delle potenze.

Facciamo qualche esercizio,
che serve sempre di più del racconto...

LEZIONE I ESPRESSIONI CON LE POTENZE SENZA LE PARENTESI

Ora proviamo a risolvere queste espressioni applicando quando è possibile le proprietà ed elevando subito a potenza quando non è possibile.

$$\mathbf{49^3 : 7^3 + 4^2 - 3 \times 3^2 =}$$

$49^3 : 7^3 + 4^2 - 3 \times 3^2 =$ → eseguo prima divisioni e moltiplicazioni e applico le proprietà

$(49 : 7)^3 = 7^3$ $\quad 3^{1+2} = 3^3$

$7^3 + 4^2 - 3^3 =$ → elevo a potenza

$7^3 = 7 \times 7 \times 7 = 343$

$4^2 = 4 \times 4 = 16$

$3^3 = 3 \times 3 \times 3 = 27$

$343 + 16 - 27 =$ → da qui applico la regola dei primi due

✓ $359 - 27 = \mathbf{332}$

Mi raccomando: io metto la spiegazione delle operazioni fatte a destra, o tra le righe, ma voi dovete fare solo l'espressione. Non scorporate dal testo le singole operazioni, perché questo è un errore. Mentre risolvete le espressioni non fate i calcoli come quelli da me indicati sotto alle operazioni, non potete inserire degli = con risultati parziali all'interno di un'espressione, se vi serve fatelo su un foglio a parte.

$$6 \times 2^3 - 27^3 : 9^3 - 4^2 + 2 \times 2^2 - 64 : 4^2 + 4^5 : 4^2 =$$

In questo caso, non si possono applicare le proprietà perché la moltiplicazione (6×2^3) e la divisione ($64 : 4^2$) non hanno né basi né esponenti uguali.
Quando non posso applicare le proprietà delle potenze, elevo prima a potenza (2^3 è 8 e 4^2 è 16), poi eseguo l'operazione.

$6 \times 2^3 - 27^3 : 9^3 - 4^2 + 2 \times 2^2 - 64 : 4^2 + 4^5 : 4^2 =$ elevo a potenza

$27^3 : 9^3 = (27 : 9)^3 = 3^3$ $\quad 2 \times 2 = 2^{1+2} = 2^3$ $\quad 4^5 : 4^2 = 4^{5-2} = 4^3$

$6 \times 8 - 3^3 - 16 + 2^3 - 64 : 16 + 4^3 =$ elevo a potenza

$6 \times 8 - 27 - 16 + 8 - 64 : 16 + 64 =$ eseguo la moltiplicazione e la divisione che hanno la precedenza

$48 - 27 - 16 + 8 - 4 + 64 =$ da qui applico la regola dei primi due

$21 - 16 + 8 - 4 + 64 =$

$5 + 8 - 4 + 64 =$

$13 - 4 + 64 =$

✓ $9 + 64 = \mathbf{73}$

$$3^5 : 3^3 \times 7 + 7^4 : 7^3 - 2^2 \times 3 + 9^4 : 9^4 - 2^3 =$$

✓ attenzione a non farvi ingannare: il primo 7 non partecipa alle proprietà, perché dopo ha un + e le proprietà valgono solo per moltiplicazioni (x) e divisioni (:)

$3^5 : 3^3 \times \mathbf{7} + 7^4 : 7^3 - 2^2 \times 3 + 9^4 : 9^4 - 2^3 =$

$3^2 \times 7 + 7^1 - 4 \times 3 + 9^0 - 8 =$ non essendoci proprietà, eleviamo le potenze

$9 \times 7 + 7 - 4 \times 3 + 1 - 8 =$ eseguiamo prima le moltiplicazioni

$63 + 7 - 12 + 1 - 8 =$ da qui applichiamo la regola dei primi due

$70 - 12 + 1 - 8 =$

$58 + 1 - 8 =$

✓ $59 - 8 = \mathbf{51}$

LEZIONE II ESPRESSIONI CON LE POTENZE CON LE PARENTESI

2

Iniziamo a usare le parentesi e rispettiamo le loro precedenze. All'interno di ogni parentesi si rispettano le precedenze delle operazioni partendo dalle potenze, e il resto lo sapete...

$$\mathbf{(15-9)^3-6^2+(2^2+4\times2-3^2)=}$$

$$(15-9)^3-6^2+(2^2+4\times2-3^2)=$$

$$6^3-6^2+(4+4\times2-9)=$$

$$6^3-6^2+(4+8-9)=$$

$$6^3-6^2+(12-9)=$$

$$6^3-6^2+3=$$ ⟶ ricordate che con + e – non potete applicare le proprietà, ma dovete elevare $6^3 = 6 \times 6 \times 6 = 216$

$$216-36+3=$$

$$180+3=\mathbf{183}$$

$$\mathbf{3^4\times\left[(4\times3-7)^3:5-6^5:6^4\times(2^4:2^3\times5^2-7^2-3^0)^3\right]^2=}$$

partiamo dalle parentesi tonde, applicando le proprietà ed elevando le potenze

$$3^4\times\left[(4\times3-7)^3:5-6^5:6^4\times(2^4:2^3\times5^2-7^2-3^0)^3\right]^2=$$

$$3^4\times\left[(12-7)^3:5-6^5:6^4\times(2^1\times5^2-49-1)^3\right]^2=$$

questo 5 non lo elevo subito perché è proceduto da x, aspetto di vedere se posso applicare la proprietà

$$3^4\times\left[5^3:5-6^5:6^4\times(2\times25-49-1)^3\right]^2=$$

$$3^4\times\left[5^3:5-6^5:6^4\times(50-49-1)^3\right]^2=$$

$$3^4\times\left[5^3:5-6^5:6^4\times0^3\right]^2=$$

$5^3:5^1=5^{3-1}=5^2$ $\quad 6^5:6^4=6^{5-4}=6^1$ ⟶ eseguo prima divisioni e moltiplicazioni e applico le proprietà

$$3^4\times\left[5^2-6^1\times0^3\right]^2=$$

$$3^4\times\left[5^2-6\times0\right]^2=$$

$$3^4\times\left[5^2-0\right]^2=$$

$$3^4\times\left[\mathbf{5^2}\right]^2=$$ il 5 non lo elevo, perchè rimarrà come potenza di potenza*

$$3^4\times5^4=\mathbf{15^4}$$

*POTENZA DI POTENZA... UN PICCOLO CONSIGLIO

Avrei dovuto elevare 5^2, ma non l'ho fatto perché nel passaggio seguente rimane elevato ancora alla seconda e posso così applicare la proprietà della "potenza di potenza": $[5^2]^2 = 5^{2\times2} = 5^4$

Inoltre, 5^4 mi serve così per applicare la proprietà con 3^4:
$3^4 \times 5^4 = (3 \times 5)^4 = \mathbf{15^4}$

A volte non conviene elevare subito, perché nel passaggio seguente possiamo applicare una proprietà: io consiglio **quando prima o dopo una potenza ci sono x e : (anche preceduti da parentesi) aspettate a elevare.**

Non preoccupatevi: con la pratica vi farete l'occhio su certe finezze!

Me lo faccio subito!!!

$$\left\{10^6 : 10^5 - \left[\left(5^2 - 3^2\right) + 2^{10} : 2^7\right] : \left(3 \times 2^2\right)\right\}^2 \times \left[\left(3^2\right)^4 : \left(3^2\right)^3\right] =$$

eseguo prima divisioni e moltiplicazioni, i calcoli delle potenze e applico le proprietà

$$\left\{10^6 : 10^5 - \left[\left(5^2 - 3^2\right) + 2^{10} : 2^7\right] : \left(3 \times 2^2\right)\right\}^2 \times \left[\left(3^2\right)^4 : \left(3^2\right)^3\right] =$$

$$3^{2\times4} : 3^{2\times3} = 3^8 : 3^6$$

$$\left\{10^6 : 10^5 - \left[\left(25 - 9\right) + 2^{10} : 2^7\right] : \left(3 \times 4\right)\right\}^2 \times \left[3^8 : 3^6\right] =$$

$$\left\{10^6 : 10^5 - \left[16 + 2^{10} : 2^7\right] : 12\right\}^2 \times \left[3^8 : 3^6\right] =$$

$$2^{10-7} = 2^3 \qquad 3^{8-6} = 3^2$$

eseguo prima divisioni e moltiplicazioni e applico le proprietà

$$\left\{10^6 : 10^5 - \left[16 + 2^3\right] : 12\right\}^2 \times 3^2 =$$

$$\left\{10^6 : 10^5 - \left[16 + 8\right] : 12\right\}^2 \times 3^2 =$$

$$\left\{10^6 : 10^5 - 24 : 12\right\}^2 \times 3^2 =$$

$$10^{6-5} = 10^1$$

$$\left\{10^1 - 2\right\}^2 \times 3^2 =$$

eseguo prima divisioni e moltiplicazioni e applico le proprietà

$$\left\{10 - 2\right\}^2 \times 3^2 =$$

$$8^2 \times 3^2 = 24^2 = \mathbf{576}$$

ESERCIZIO 8

Eseguite le seuenti espressioni applicando quando è possibile le proprietà delle potenze:

A $\left(3^2 : 3^1\right) - \left(5 - 2^2 : 2\right) =$

B $\left[21 - \left(6^5 : 6^3 : 6\right)\right] : \left(3^3 : 3^2\right) + 2 =$

C $\left(4^2 + 3^2 - 4 \times 5\right)^2 \times \left(2^2 + 3^2 - 5 \times 2\right)^2 =$

D $\left[\left(15^3 : 5^3\right) : 3^2 + 2^3 \times 3 - 24\right] + \left(3^2 + 5^2\right) =$

E $\left\{\left[\left(11^4 : 11^3\right)^2\right]^3 : \left(11^2 \times 11\right)^2\right\} - \left[\left(5^2 - 3^2\right) : 4 - 2^2\right] =$

2.4
CENNI AI PROBLEMI CON LE POTENZE

A questo punto dovreste essere in grado di comprendere e risolvere alcuni semplici problemi con le potenze.

? PROBLEMA SUI BATTERI
I batteri si riproducono per scissione binaria, vuol dire che da un batterio se ne originano due esattamente identici. Se un batterio si divide in due ogni 15 minuti, quanti batteri avremo dopo un'ora e mezza?

Marco, sai per caso cos'è la scissione binaria?

È quella che si usa per dividere le rotaie?

Ma cos'hai nella testa? Un binario morto?

Non so perché continuo a provarci con te...

Rappresentiamo il problema, per risolverlo in maniera più semplice.

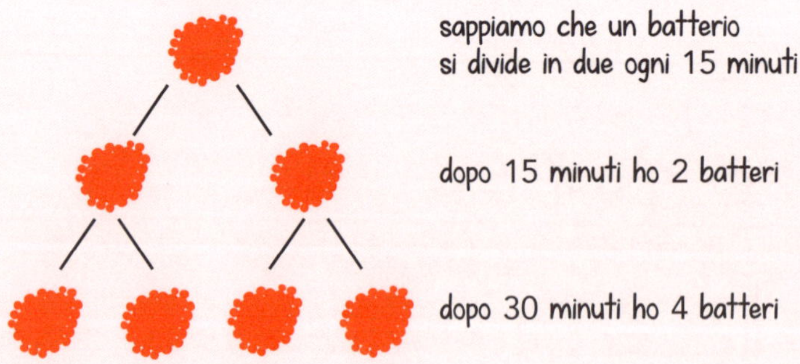

Come faccio a sapere quanti batteri avrò dopo un'ora e 30 minuti?

Nessuno, perché ho preso un antibiotico!

Dato che in un'ora ci sono 60 minuti, un'ora contiene 4 gruppi da 15 minuti e in 30 minuti avremo 2 gruppi da 15 minuti.

Cosa stai capendo, Marco?

Che il tempo vola!

Gli asini no però, altrimenti saresti già decollato da un pezzo!

Usiamo ancora un disegno per capire più in fretta.

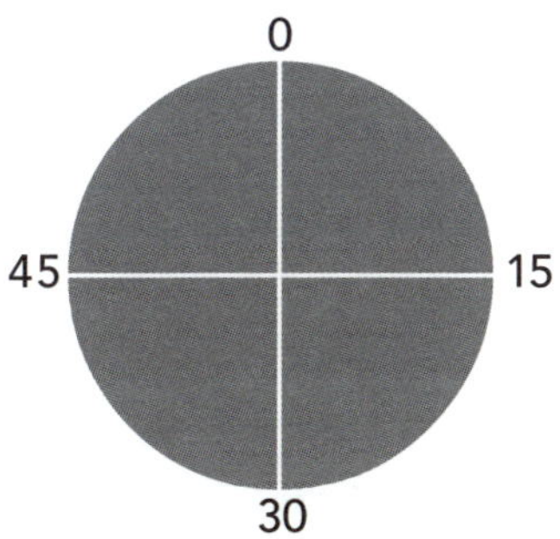

In un'ora e mezza avremo (4 + 2) gruppi da 15 minuti, cioè 6 gruppi da 15 minuti, che corrispondono a 90 minuti.

dopo 15 minuti ⟶ ho 2 batteri
dopo 30 minuti ⟶ ho 2^2 batteri, cioè 4
dopo 45 minuti ⟶ ho 2^3 batteri, cioè 8

Quindi, dopo un'ora e 30 minuti, cioè dopo 90 minuti, avremo:

2^6 batteri, cioè

$2 \times 2 \times 2 \times 2 \times 2 \times 2 =$ **64 batteri**

Questa si chiama **crescita esponenziale** perché ogni volta cresce di un'unità l'esponente della potenza.

? PROBLEMA SUGLI SCAFFALI

Nella cantina di Marco ci sono 7 scaffali, ogni scaffale ha 7 ripiani, su ogni ripiano ci sono 7 bottiglie di vino. Quante bottiglie ci sono in tutto?

 *E se ti dicessi che sono astemio?*

 *Ti direi che ti sei bevuto il cervello!*

7 bottiglie x 7 ripiani = 49 bottiglie per ogni scaffale
49 bottiglie x 7 scaffali = 343 bottiglie totali

7^3 **bottiglie**, cioè
$7 \times 7 \times 7 =$ **343 bottiglie**

LA CALCOLATRICE E LE POTENZE

Ora vi insegno un **trucchetto**: con la calcolatrice, per elevare a potenza, basta schiacciare il numero da elevare seguito dal tasto × e dal tasto =

3^5 schiaccia 3 × e poi comincia a schiacciare:

la prima volta che schiacci = esce 9 (che è 3^2)
la seconda volta che schiacci = esce 27 (che è 3^3)
la terza volta che schiacci = esce 81 (che è 3^4)
la quarta volta che schiacci = esce 243 (che è 3^5)

Io faccio così:
schiaccio 3, poi × , poi =, leggo 9 e dico **alla seconda**,
poi schiaccio =, leggo 27 e dico **alla terza**,
poi schiaccio =, leggo 81 e dico **alla quarta**,
poi schiaccio =, leggo 243 e dico **alla quinta**...

Anch'io lo faccio! Schiaccio e dico «alla prima», poi schiaccio e dico «alla seconda», poi schiaccio e dico «alla terza», poi schiaccio, schiaccio, schiaccio... e dico: «Alla salute di mia sorella!». Mi è venuto un dubbio: come mai in birreria dopo la terza media non ti danno il diploma?

Forse hai davvero esagerato con la birra!

ESERCIZIO 9

A Marco ha comprato 6 casse di birra, ogni cassa contiene 6 bottiglie, quante bottiglie ha comprato in tutto Marco?

B In una stanza ci sono 4 cassettiere, ogni cassettiera ha 4 cassetti, ogni cassetto ha 4 scomparti, quanti scomparti ci sono in tutto nelle cassettiere?

C Nell'orto di Maria ci sono 12 aiuole di fragole, ogni aiuola ha 12 file, in ogni fila ci sono 12 piantine, quante piantine di fragole ci sono in tutto nell'orto di Maria?

IL SISTEMA METRICO DECIMALE

Nel sistema metrico decimale, per spostarsi da una postazione all'altra, può essere utile conoscere le potenze di 10.

	Km	hm	dam	**m**	dm	cm	mm
metri ⟶	**1.000**	**100**	**10**	**1**	**0,1**	**0,01**	**0,001**
	$\mathbf{10^3}$	$\mathbf{10^2}$	$\mathbf{10^1}$		$\mathbf{10^{-1}}$	$\mathbf{10^{-2}}$	$\mathbf{10^{-3}}$

le potenze con esponente negativo trasformiamole così: $0,1^1$ e $0,1^2$ e $0,1^3$

Esaminiamo la scala delle trasformazioni dei metri:

- nella prima riga si trovano le unità di misura (Km, hm…);
- nella seconda riga viene indicato a quanti metri corrispondono;
- nella terza riga c'è l'espressione di quel valore con una potenza.

Da questa scala possiamo ricavare le seguenti equivalenze:

1 dam	(decametro)	=	10^1	m	=	10	m
1 hm	(ettometro)	=	10^2	m	=	100	m
1 Km	(chilometro)	=	10^3	m	=	1.000	m
1 dm	(decimetro)	=	$0,1^1$	m	=	0,1	m
1 cm	(centimeto)	=	$0,1^2$	m	=	0,01	m
1 mm	(millimetro)	=	$00,1^3$	m	=	0,001	m

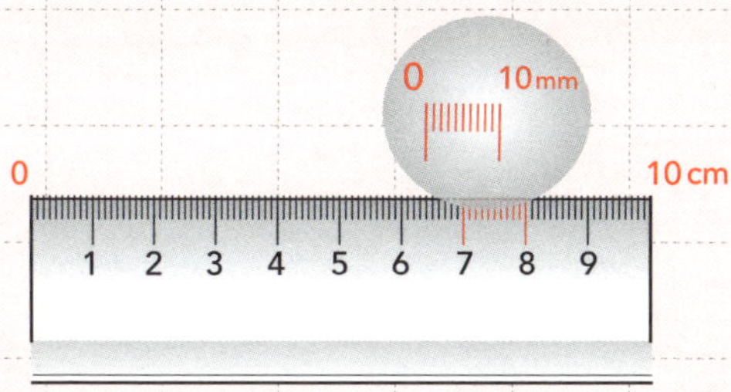

Se vogliamo esprimere il metro in funzione delle altre unità di misura, dobbiamo fare il contrario:

1 m	=	10^1			dm
1 m	=	10^2			cm
1 m	=	10^3			mm
1 m	=	$0{,}1^1$	=	0,1	dam
1 m	=	$0{,}1^2$	=	0,01	hm
1 m	=	$0{,}1^3$	=	0,001	Km

Marco, ma cosa stai facendo?

Misuro quanti mm è lunga la manica della mia giacca!

Se la misuri in cm è meglio! Le unità di misura vanno scelte con logica, quella cosa che tu non hai...

3

3.1 MULTIPLO E DIVISORE

3.2 I NUMERI PRIMI

3.3 SCOMPOSIZIONE DI UN NUMERO IN FATTORI PRIMI

3.3.1 Metodo delle divisioni successive
3.3.2 Criteri di divisibilità per 2, 3, 4, 5, 11...

3.4 MINIMO COMUNE MULTIPLO (m.c.m.)

3.4.1 Metodo per calcolare il m.c.m.
3.4.2 Alcuni casi particolari

3.5 LE FRAZIONI

3.5.1 Valore di una frazione
3.5.2 Trasformazione di due frazioni in frazioni equivalenti (aventi lo stesso m.c.d.)
3.5.3 Confronto di frazioni

3.6 OPERAZIONI CON LE FRAZIONI

3.6.1 Riduzione ai minimi termini (semplificazione)
3.6.2 Addizione di frazioni
3.6.3 Sottrazione di frazioni
3.6.4 Moltiplicazione di frazioni
3.6.5 Divisione di frazioni
3.6.6 Potenze di frazioni

3.7 PROBLEMI CON LE FRAZIONI

PUÒ SEMPRE SERVIRE QUESTIONI DI EREDITÀ

3.1
MULTIPLO E DIVISORE

Cominciamo subito con concetti che, sono certa, vi faranno preoccupare. Multiplo e divisore: cosa saranno mai questi strani individui?

MULTIPLO

3

Un numero si dice **multiplo** di un altro numero quando lo contiene "un numero esatto di volte".

Per esempio:
20 è multiplo di 4 perché lo contiene esattamente 5 volte.
Se hai 20 caramelle e le dividi in 5 gruppetti, ogni gruppetto avrà 4 caramelle.

Questa parla sempre di caramelle, ma mai che me ne offra una!

Possiamo, però, anche dire:
20 è multiplo di 4 secondo il numero 5.

Dato che i numeri sono infiniti, anche **i multipli di un numero sono infiniti**. Possiamo trovare i multipli di un numero moltiplicandolo per i numeri naturali.

Multipli di 3: $3 \times 1 = \mathbf{3}$

$3 \times 2 = \mathbf{6}$

$3 \times 3 = \mathbf{9}$

$3 \times 4 = \mathbf{12}$

$3 \times 5 = \mathbf{15}$

$3 \times 6 = \mathbf{18}$

Come esercizio, scriviamo i primi 10 multipli di 5:

5 – 10 – 15 – 20 – 25 – 30 – 35 – 40 – 45 – 50

Perché per scrivere i multipli di 5 parti da 5 e non da 10? E lo zero? Ho letto da qualche parte che è multiplo di tutti i numeri?

Perché ogni numero è multiplo di se stesso secondo il numero 1 e allora si parte da 5! E per quanto riguarda lo zero hai ragione, solo che noi semplifichiamo un po' le cose e partiamo a considerare i multipli dal numero stesso!

Non ho capito, però mi fido. Perché bisogna fidarsi di queste cose, non è che si può fare altro. E poi a me cosa interessa? Non è che io i multipli li incontro per strada! Lo zero poi!

Adesso scriviamo 10 multipli di 4 (a nostra scelta):

4 – 16 – 20 – 32 – 36 – 40 – 68 – 80 – 120 – 280

Non abbiamo scritto i primi 10 multipli di 4, ma 10 multipli a caso...

DIVISORE

Ora che conosciamo il concetto di multiplo cerchiamo di capire cosa sia un **divisore o sottomultiplo** di un numero.
Un numero si dice **divisore** di un altro numero quando è contenuto in esso "un numero esatto di volte".
Prima abbiamo detto che 20 è multiplo di 4 perché lo contiene 5 volte, ora possiamo dire che 4 è un divisore di 20 perché è contenuto in esso un numero esatto di volte, e precisamente 5 volte.

Quindi i divisori sono contenuti nei loro multipli e i multipli contengono i loro divisori!

Bravissimoooo!!!
Questo non deve essere un argomento molto difficile.

Grazie! Ora posso girare per strada molto più tranquillo… se incontro un divisore gli posso dire: «Ehi, ciccio: guarda che ti stava cercando il tuo multiplo!». Mah… quanto tempo perso a parlare di cose campate in aria!

Il tempo perso è cercare di spiegare qualcosa a te!
Come esercizio, troviamo i divisori di 30:

1 – 2 – 3 – 5 – 6 – 10 – 15 – 30

MULTIPLI INFINITI & DIVISORI FINITI

A differenza dei multipli che sono **infiniti**, i divisori di un numero sono **finiti** e per trovarli basta eseguire le divisioni tra il numero dato e i numeri naturali fino al raggiungimento della sua metà. Guardate:

V	30 : 1 = **30**		
V	30 : 2 = **15**		
V	30 : 3 = **10**		
X	30 : 4 = 7	con resto 2	non è un divisore
V	30 : 5 = **6**		
V	30 : 6 = **5**		
X	30 : 7 = 4	con resto 2	non è un divisore
X	30 : 8 = 3	con resto 6	non è un divisore
X	30 : 9 = 3	con resto 3	non è un divisore
V	30 : 10 = **3**		
X	30 : 11 = 2	con resto 8	non è un divisore
X	30 : 12 = 2	con resto 6	non è un divisore
X	30 : 13 = 2	con resto 4	non è un divisore
X	30 : 14 = 2	con resto 2	non è un divisore
V	30 : 15 = **2**		
V	30 : 30 = **1**		

Dopo 15, che è la metà di 30, è impossibile trovare un divisore dato che deve essere contenuto almeno due volte... quindi **dopo la metà non si cercano più divisori ma si passa direttamente al numero stesso.**

Naturalmente le divisioni che noi abbiamo fatto per trovare i divisori le farete mentalmente!

Io a mente non mi ricordo nemmeno dove ho messo la calcolatrice!

Tu non ricordi nemmeno dove hai messo la testa! Ti regalerò un navigatore per aiutarti a ritrovarla!

Come esercizio, scriviamo i divisori di 48:

1 – 2 – 3 – 4 – 6 – 8 – 12 – 24 – 48

la metà (24)

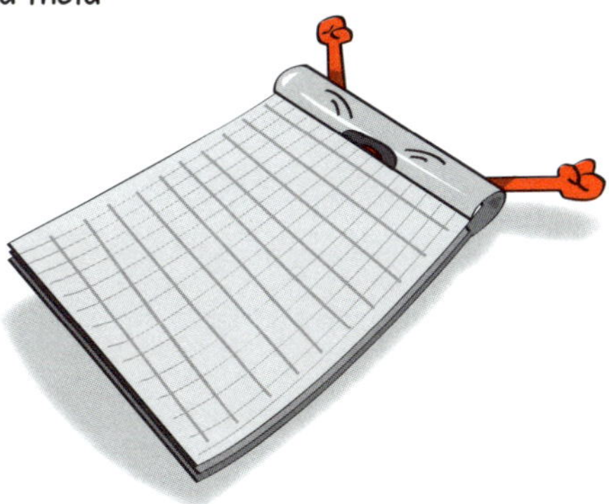

Ora provate da soli, con questo esercizio.

ESERCIZIO 10

A Scrivete i primi 10 multipli di 4.
B Scrivete tutti i divisori di 40.
C Scrivete i primi 13 multipli di 13.
D Scrivete tutti i divisori di 100 e di 1.000.
E Scrivete 10 multipli e tutti i divisori di 12.

3.2
I NUMERI PRIMI

Tutti i numeri che hanno come divisori solo 1 e se stessi sono detti **numeri primi**.

Per esempio 13 è divisibile solo per 1 e per 13 ed è un numero primo.

Ci sono tabelle che riportano i numeri primi, nelle quali sono indicati i numeri primi minori di 5.000 oppure minori di 10.000. Sappiate e ricordate che anche i numeri primi sono infiniti e non esistono tabelle che li riportino tutti.

Io so qual è il simbolo di infinito!

Prova a farcelo vedere.

8

Ci siamo quasi, ma lo devi girare.

∞

Giusto! È un 8 che dorme! Dopo tutte queste spiegazioni anche lui ha una stanchezza infinita!

Un po' come la tua insolenza!

Il più piccolo numero primo è 2, ed è anche l'unico numero primo pari, gli altri sono tutti dispari. Un tempo 1 veniva considerato numero primo, oggi lo si esclude.

Grazie per la notizia! Ora dormirò più tranquillo!

Tu non ti sei mai svegliato!

Vi elenco i numeri primi minori di 50:

2 – 3 – 5 – 7 – 11 – 13 – 17 – 19 – 23 – 29 – 31 – 37 – 41 – 43 – 47

3.3 SCOMPOSIZIONE DI UN NUMERO IN FATTORI PRIMI

Ogni numero che non è primo è detto **numero composto** e può essere espresso sotto forma di prodotto di numeri primi.
Si usa l'espressione "**scomposizione in fattori primi**" perché la parola "fattore" indica un termine della moltiplicazione.

Quindi i numeri vivono nella fattoria?

No, lì ci stanno i somarelli come te!

Facciamo un esempio:
il numero 14 può essere espresso come prodotto di due numeri primi

$$2 \times 7 = 14$$

FATTORE FATTORE PRODOTTO

3.3.1 METODO DELLE DIVISIONI SUCCESSIVE

Esiste un metodo per scomporre i numeri in fattori primi detto delle divisioni successive. Ve lo spiego con un esempio.

Scomponete in fattori primi il numero 60:

60	2
30	2
15	3
5	5
1	

$60 = 2 \times 2 \times 3 \times 5 =$

✓ $\mathbf{2^2 \times 3 \times 5}$ questo è 60 espresso come prodotto di fattori primi

Come si fa? A destra della linea verticale mettiamo ogni volta il più piccolo numero primo per cui è divisibile il numero che si trova a sinistra:

- partiamo da 60 ed esaminiamo mentalmente i numeri primi partendo dal più piccolo che è 2, ci chiediamo: «60 è divisibile per 2?». Sì, allora scriviamo 2 a destra e, sotto a 60, il risultato della divisione (60 : 2 = **30**);
- ora consideriamo 30 e ci chiediamo: «30 è divisibile per 2?» Sì, allora scriviamo 2 a destra e, sotto a 30, il risultato della divisione (30 : 2 = **15**);
- ora consideriamo 15 e ci chiediamo: «15 è divisibile per 2?». No, allora, da adesso in poi i numeri che verranno non saranno più divisibili per 2.

È importante ricordarsi questo punto di "non ritorno", perché vi faciliterà di molto le cose!

- passiamo, quindi, a considerare il numero primo che viene dopo 2, che è 3. «15 è divisibile per 3?» Sì, allora scri-

viamo 3 a destra e, sotto a 15, il risultato della divisione (15 : 3 = 5);
- ora consideriamo 5 che, essendo un numero primo, è divisibile solo per se stesso (5 : 5 = **1**).

Quando a sinistra si arriva al numero 1 la scomposizione è finita. A questo punto si esprime il numero dato come prodotto di tutti i numeri primi che compaiono a destra della riga verticale e, se ci sono due o più numeri uguali, si esprimono come potenza.

Aaashhh! Io 5 l'ho sempre considerato!
Figurati che una volta l'ho anche invitato a pranzo!

Io invece ti invito a stare un po' zitto e ad ascoltare, che magari impari a dare i numeri nel modo giusto!

UN SUGGERIMENTO PER SCOMPORRE UN NUMERO IN FATTORI PRIMI

Vi consiglio di esaminare ogni volta i numeri primi, partite sempre dal più piccolo e, se non va bene, passate al successivo, come fatto in precedenza:

60	2
30	2
15	3
5	5
1	

$60 = 2 \times 2 \times 3 \times 5 =$

Così facendo, a destra della riga verticale vi troverete in ordine crescente i numeri primi e questo vi faciliterà le cose e forse ridurrà anche le probabilità di errore. Per farvi capire meglio vi faccio vedere **un altro modo per scomporre 60**:

60	3
20	2
10	5
2	2
1	

ottengo sempre $60 = 2^2 \times 3 \times 5$
ma devo rimettere a posto in ordine crescente i numeri primi e posso fare confusione e dimenticare qualche fattore

3.3.2 CRITERI DI DIVISIBILITÀ PER 2, 3, 4, 5, 11...

Prima di fare esercizi sulle scomposizioni in fattori primi vi do alcune regolette che possono aiutare quando eseguiamo le divisioni con i numeri primi, queste regolette si chiamano: "criteri di divisibilità".
Noi esamineremo i più usati, in modo tale che quando ci poniamo la domanda "Il tal numero è divisile per 2 o per 3 o per 5 ecc?" invece di provare mentalmente la divisione applichiamo il criterio di divisibilità per il numero in questione.

CRITERIO DI DIVISIBILITÀ PER 2

Un numero è divisibile per 2 quando termina per cifra pari: 0, 2, 4, 6, 8...
Per esempio sono divisibili per 2:
34, 60, 56, 78, 92 ecc. in quanto terminano per cifra pari.

CRITERIO DI DIVISIBILITÀ PER 3

Un numero è divisibile per 3 quando sommando le cifre che lo compongono il numero che ne risulta è un multiplo di 3.
Per esempio consideriamo il numero 51; per sapere se è divisibile per 3 basta fare:
5 + 1 = 6 (6 è multiplo di 3, quindi 51 è divisibile per 3).

Quando **un numero è composto da più cifre** possiamo semplificare questo criterio e, invece di sommare tutte le cifre, eliminiamo dal conto le cifre multiplo di 3.
Per esempio consideriamo il numero 759; invece di fare 7 + 5 + 9 elimino dal conto 9, che è multiplo di 3, e sommo solo 7 + 5 = 12 (essendo anche 12 un multiplo di 3 il numero 759 è divisibile per 3). Ancora, consideriamo il numero 3.249: elimino 3 e 9 e sommo solo 2 + 4 = 6 (essendo 6 un multiplo di 3 il numero 3.249 è divisibile per 3).

CRITERIO DI DIVISIBILITÀ PER 5

Un numero è divisibile per 5 quando termina per 0 o per 5.
Per esempio, sono divisibili per 5:
i numeri 15, 45, 90, 120 ecc.

CRITERIO DI DIVISIBILITÀ PER 11

Questo criterio è più complicato degli altri, ma merita che tentiate di impararlo, perché se non avete una calcolatrice o se vi impediscono di usarla (come faccio io a scuola) vi può essere di grande aiuto.
Ve lo spiego direttamente con un esempio:
dato un numero (8.096) assegnamo a ogni cifra una posizione:

8 0 9 6

1ª 2ª 3ª 4ª — questi numeri indicano la posizione delle cifre

Sommiamo le cifre in posizione pari tra loro e le cifre in posizione dispari tra loro:

$0 + 6 = \mathbf{6}$ somma di cifre in posizione pari

$8 + 9 = \mathbf{17}$ somma di cifre in posizione dispari

Facciamo la differenza tra i risultati ottenuti, naturalmente il maggiore meno il minore:

$17 - 6 = \mathbf{11}$ in questo caso, somma cifre in posizione dispari meno somma cifre in posizione pari

Se il risultato di questa differenza è 0; 11 (come nel nostro caso) o un multiplo di 11, allora il numero dato è divisibile per 11.

Infatti, nel nostro esempio: 8.096 : 11 = 736

Facciamo un altro esempio con 39.600:

3 9 6 0 0

1^a 2^a 3^a 4^a 5^a

$9 + 0 = \mathbf{9}$ somma cifre in posizione pari

$3 + 6 + 0 = \mathbf{9}$ somma cifre in posizione dispari

$9 - 9 = \mathbf{0}$

Il risultato è 0, quindi il numero è divisibile per 11.

Grazie! Adesso che mi hai detto la regola di divisibilità per 11 la mia vita non sarà più la stessa!

Tutto può servire nella vita! Anche la regola del numero 11! Ma per capirla bisognerebbe avere almeno 11 neuroni...

Adesso che conosciamo alcuni criteri di divisibilità possiamo fare qualche esercizio sulle scomposizioni in fattori primi.

Scomponiamo in fattori primi il numero 117

117	3	117 non è divisibile per 2, perché termina per cifra dispari; provo se è divisibile per 3 facendo 1+1+7=9; sì, è divisibile per 3 perché 9 è multiplo di 3
39	3	39 è divisibile per 3
13	13	13 è un numero primo ed è divisibile solo per se stesso
1		

✓ $117 = 3^2 \times 13$

Scomponiamo in fattori primi 275

275	5	275 non è divisibile per 2, perché termina per cifra dispari, non è divisibile per 3 perché 2+7+5 = 14 e 14 non è multiplo di 3; è divisibile per 5 perché termina per 5
55	5	55 è divisibile per 5
11	11	11 è un numero primo ed è divisibile solo per se stesso
1		

✓ $275 = 5^2 \times 11$

Ora provate voi a fare alcuni esercizi, scomponendo i numeri in fattori primi.

ESERCIZIO 11

- A 144, 216, 120
- B 735, 484, 800
- C 1.080, 3.780, 1.215
- D 715, 3.519, 722
- E 5.040, 1.000, 1.530

3.4 MINIMO COMUNE MULTIPLO m.c.m.

Il minimo comune multiplo tra due o più numeri è "il multiplo più piccolo che essi hanno in comune".

Se noi dobbiamo calcolare il m.c.m. tra 15 e 12 possiamo procedere come segue.

Scriviamo alcuni multipli di 15:

15, 30, 45, **60**, 75, 90, 105, 120 ecc.

Scriviamo alcuni multipli di 12:

12, 24, 36, 48, **60**, 72, 84, 9, 108, 120 ecc.

Vediamo che tra i multipli che abbiamo scritto, 15 e 12 hanno in comune il numero **60** e il numero 120 e ne avranno infiniti altri che noi non abbiamo scritto...
Dato che a noi interessa il multiplo più piccolo che 15 e 12 hanno in comune, prenderemo in considerazione solo 60.

3.4.1 METODO PER CALCOLARE IL m.c.m.

Naturalmente esiste un metodo per trovare il m.c.m. tra due o più numeri! Facciamo un esempio.

calcoliamo il m.c.m. tra 14 e 63

Iniziamo scomponendo in fattori primi i due numeri:

14	2
7	7
1	

63	3
21	3
7	7
1	

Adesso scriviamo i due numeri come prodotto di fattori primi, incolonnando se possibile i fattori uguali (in questo caso il 7):

$14 = 2 \times \quad 7$

$63 = \quad 3^2 \times 7$ ho lasciato gli spazi vuoti dove mancano i fattori uguali

Ora la regola dice: per calcolare il m.c.m. si prendono tutti i fattori presenti, una sola volta, con il massimo esponente con cui compaiono e si moltiplicano tra di loro. Quindi noi prenderemo 2, 3^2 e 7 (i 7 sono due, ma noi ne dobbiamo prendere uno solo, e considerando che sono uguali dato che compaiono con lo stesso esponente, non dobbiamo scegliere quale prendere) ed eseguiremo la moltiplicazione:

✓ $2 \times 3^2 \times 7 = 2 \times 9 \times 7 = \mathbf{126}$ m.c.m. (14; 63)

Ricapitolando:

$\text{m.c.m.}\ (14;\ 63) = 2 \times 3^2 \times 7 = \mathbf{126}$

126 è il multiplo più piccolo che 14 e 63 hanno in comune.

E il più grande qual è?

Ah, mi stavo preoccupando, ma cosa stavi facendo? È un po' che non intervieni!

Stavo seguendo le tue spiegazioni e non avevo domande da farti perché spieghi troppo bene e io capisco tutto al volo.

Lasciamo perdere, comunque da quel che hai detto adesso non mi sembra che tu abbia capito tutto, infatti noi non possiamo calcolare il multiplo più grande che due o più numeri hanno in comune, perché anche i multipli sono infiniti e ce ne sarà sempre uno più grande di quello che troviamo.

Ancora questo infinito!!! Ogni volta che lo sento mi metto a "pensare" e non smetterei più, diciamo che concilia la pensata!

Bella questa! Tu che pensi! Stavolta mi son proprio divertita!

Ragazzi, rimettiamoci a lavorare: dobbiamo fare ancora un po' di strada prima di arrivare alle frazioni...

calcoliamo il m.c.m. tra 72 e 120

72	2	**120**	2
36	2	60	2
18	2	30	2
9	3	15	3
3	3	5	5
1		**1**	

Ora scriviamo i due numeri come prodotto di fattori primi, incolonnando se possibile i fattori uguali (in questo caso il 2 e il 3):

$$72 = 2^3 \times 3^2$$

$$120 = 2^3 \times 3 \times 5$$

2^3 è presente due volte, ma ne prendo uno solo; tra 3^2 e 3 scelgo 3^2 perché ha l'esponente maggiore:

✓ $2^3 \times 3^2 \times 5 = 8 \times 9 \times 5 =$ **360** m.c.m. (72; 120)

UN SUGGERIMENTO PER SCOMPORRE I NUMERI CHE TERMINANO PER ZERO

Quando dovete scomporre i numeri che terminano per zero ricordatevi che:

$10 = 2 \times 5$

$100 = 2^2 \times 5^2$

$1.000 = 2^3 \times 5^3$

$10.000 = 2^4 \times 5^4$

ecc.

Quindi, quando scomponete per esempio il numero 120, potete dividerlo subito per 10, perché termina con uno zero, ma dato che devo usare i fattori primi metterò 2 × 5 proviamo:

120	2×5 (10)
12	2
6	2
3	3
1	

✓ **120 = 2^3 × 3 × 5** state attenti a non dimenticarvi il 5 e scrivete sempre i fattori in ordine crescente

Proviamo a scomporre il numero 3.600, che termina con due zeri, ed quindi è divisibile per 100, ma dato che devo usare i fattori primi userò 2 e 5 elevati a potenza:

3.600	$2^2 \times 5^2 (4 \times 25 = 100)$
36	2
18	2
9	3
3	3
1	

✓ $\mathbf{3.600 = 2^4 \times 3^2 \times 5}$ avrò $2^4 = 2^2 \times 2^2$; ricordate la proprietà delle potenze: il prodotto di potenze con la stessa base è data da una potenza con la stessa base e per esponente la somma degli esponenti

In breve, quindi, se un numero termina:

con 1 zero ⟶ è divisibile per $\mathbf{10 = 2 \times 5}$

con 2 zeri ⟶ è divisibile per $\mathbf{100 = 2^2 \times 5^2}$

con 3 zeri ⟶ è divisibile per $\mathbf{1.000 = 2^3 \times 5^3}$

3.4.2 ALCUNI CASI PARTICOLARI

Ritorniamo al calcolo del m.c.m. per esaminare alcuni casi particolari.

m.c.m. TRA DUE NUMERI DI CUI UNO È MULTIPLO DELL'ALTRO

Ecco un semplice esempio:

$\text{m.c.m.}(28;\ 14) = 28$

Non è necessario eseguire le scomposizioni in fattori primi, perché il m.c.m. è il numero maggiore che è multiplo sia del numero minore che di se stesso.

Questo vale anche quando i numeri sono più di due:

$\text{m.c.m.}(15;\ 60;\ 5) = 60$

60 è multiplo sia di 15 che di 5 quindi è lui il m.c.m.

m.c.m. TRA DUE (O PIÙ) NUMERI PRIMI

Ecco un semplice esempio:

$\text{m.c.m.}(3;\ 17) = 3 \times 17 = 51$

Dato che i numeri primi scomposti in fattori primi danno solo se stessi, non eseguiamo la scomposizione e facciamo direttamente la moltiplicazione.

$\text{m.c.m.}(11;\ 5;\ 3) = 3 \times 5 \times 11 = 165$

Facciamo esercizi sul calcolo del m.c.m. Calcolate, con il metodo della scomposizione in fattori primi, il m.c.m. tra i gruppi di numeri che seguono.

m.c.m. (12; 36)

36 è multiplo di 12, quindi non faccio la scomposizione e trovo che m.c.m. (12; 36) = 36

m.c.m. (4; 15; 12)

Completate voi le scomposizioni inserendo i numeri mancanti al posto delle barrette dove ho lasciato lo spazio vuoto.

4	2
___	___
1	

15	___
5	5
1	

12	2
6	___
3	___
1	

$4 = 2^2$

$15 = 3 \times 5$

$12 = 2^2 \times 3$

m.c.m. (4; 15; 12) = ___ × ___ × ___ = 60

m.c.m. (72; 18; 9)

72 è multiplo di 18 e di 9, quindi m.c.m. (72; 18; 9) = 72

m.c.m. (255; 306)

Compilate voi inserendo i numeri mancanti negli spazi vuoti.

255	3
85	___
17	___
1	

306	2
___	3
51	3
17	___
1	

255 = 3 × __ × __

306 = 2 × __ × __

(255; 306) = __ × __ × __ × __ = 1.530

m.c.m. (180; 63; 45)

180	2×5
__	2
9	3
__	__
1	

63	3
21	__
7	__
1	

45	3
__	3
5	__
1	

$180 = 2^{-} \times 3^{-} \times 5$

$63 = 3^2 \times 7$

$45 = \_\_ \times 5$

m.c.m. (180; 63; 45) = __ × __ × __ × __ = 1.260

Ora potete proprio fare gli esercizi da soli.

ESERCIZIO 12

A Calcolate il m.c.m. (50; 15)
B Calcolate il m.c.m. (4; 16; 48)
C Calcolate il m.c.m. (125; 375; 75)
D Calcolate il m.c.m. (72; 45; 117)
E Calcolate il m.c.m. (12; 34; 72)

3.5
LE FRAZIONI

In matematica la frazione viene usata per indicare in quante parti uguali viene diviso un intero e quante di queste parti vengono prese in considerazione. Una frazione è composta da:

$$\frac{3}{4}$$

3 → NUMERATORE
— → LINEA DI FRAZIONE
4 → DENOMINATORE

Noi leggeremo: **tre quarti**, che ha come significato «tre delle quattro parti uguali in cui è stato diviso l'intero».

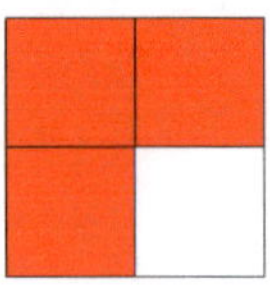

Se per esempio consideriamo come intero un campo quadrato, i 3/4 di questo campo sono tre delle quattro parti in cui è stato diviso:

denominatore → indica in quante parti è stato diviso l'intero

numeratore → indica quante di queste parti consideriamo

Ogni cosa può essere considerata come intero da frazionare. Le frazioni sono molto usate nella vita di tutti i giorni.

Marco, hai capito cosa sono le frazioni?

Certo! Sono delle parti in cui si divide un Comune... giusto? Conosco molta gente che vive nelle frazioni...

Io invece vorrei capire su che pianeta vivi tu!

L'UNITÀ FRAZIONARIA

Andiamo avanti perché la strada è ancora lunga...
e vediamo che cos'è l'unità frazionaria. Con il termine unità frazionaria si intende una delle parti in cui è stato diviso l'intero. Se un intero è stato diviso in 4 parti:

$\mathbf{\frac{4}{4}}$ è l'intero $\mathbf{\frac{1}{4}}$ **è l'unità frazionaria**

3

3.5.1 VALORE DI UNA FRAZIONE

Il valore di una frazione si ottiene facendo numeratore diviso denominatore:

$$\frac{\textbf{numeratore}}{\textbf{denominatore}}$$

numeratore : denominatore = valore di una frazione

valore di $\frac{3}{4}$ $3 : 4 = 0{,}75$

valore di $\frac{5}{7}$ $5 : 7 = 0{,}71\ldots$

valore di $\frac{7}{8}$ $7 : 8 = 0{,}875$

FRAZIONI EQUIVALENTI

Due o più frazioni si dicono equivalenti quando hanno lo stesso valore. Data una frazione, è possibile ottenere infinite frazioni a essa equivalenti moltiplicando numeratore e denominatore della frazione data per uno stesso numero:

$$\frac{3}{4} = \frac{3 \times 2}{4 \times 2} = \frac{6}{8}$$

infatti: valore di $\frac{3}{4} = 3 : 4 = \mathbf{0{,}75}$ valore di $\frac{6}{8} = 6 : 8 = \mathbf{0{,}75}$

3.5.2 TRASFORMAZIONE DI DUE FRAZIONI IN FRAZIONI EQUIVALENTI (aventi lo stesso m.c.d.)

Abbiamo visto che moltiplicando numeratore e denominatore (numero sopra e numero sotto) di una frazione per uno stesso numero otteniamo una frazione a essa equivalente.
Ora vogliamo tentare un'impresa più difficile.

? Date le frazioni $\frac{5}{12}$ e $\frac{7}{18}$ vogliamo trasformarle in frazioni a esse equivalenti e aventi lo stesso denominatore.

Per trovare un denominatore che sia un multiplo sia di 12 che di 18 uso il metodo del m.c.m. (minimo comune multiplo), che in questo caso cambia nome e diventa m.c.d. (minimo comune denominatore).

m.c.d. OPPURE M.C.D.?

Esiste un altro m.c.d scritto con un carattere diverso: M.C.D. che ha un altro significato e precisamente quello di Massimo Comun Divisore e rappresenta il numero più grande per cui due o più numeri possono essere divisi.
Dato che in questo testo non lo usiamo non vado oltre!

Brava le cose sono già abbastanza complicate... a furia di ascoltarti mi gira la testa...

La testa ti gira per le correnti d'aria che ci sono dentro!

Calcoliamo quindi il minimo comune denominatore:

m.c.d. (12; 18)

Ricordate che m.c.m. = m.c.d. e si calcola moltiplicando tutti i fattori presenti, in questo caso il 2 e il 3 presi una volta sola e con il massimo esponente con cui compaiono, in questo caso 2^2 e 3^2:

12	2		**18**	2
6	2		9	3
3	3		3	3
1			**1**	

$12 = 2^2 \times 3$

$18 = 2 \times 3^2$

m.c.d. $= 2^2 \times 3^2 = 4 \times 9 =$ **36**

Ora che abbiamo trovato il comune denominatore tra 12 e 18 possiamo trasformare le due frazioni in frazioni equivalenti aventi questo denominatore:

$$\frac{5 \times 3}{12 \times 3} = \frac{15}{36}$$

12 per diventare 36 è stato moltiplicato per 3, quindi devo moltiplicare per 3 anche 5

$\frac{15}{12}$ è equivalente a $\frac{15}{36}$

$5 : 12 = 0,41$

$15 : 36 = 0,41$

$$\frac{7\times 2}{18\times 2}=\frac{14}{36}$$

18 per diventare 36 è stato moltiplicato per 2, quindi devo moltiplicare per 2 anche 7

$\frac{7}{18}$ è equivalente a $\frac{14}{36}$

$7:18=0,38$

$14:36=0,38$

La spiegazione a fianco serve a capire cosa dovete fare, quando avete capito perché moltiplicate e cosa moltiplicare, potete sveltire il tutto e per trovare il nuovo NUMERATORE fate:

36 : 12 x 5 = 15
36 : 18 x 7 = 14

che è il metodo più breve.

3.5.3 CONFRONTO DI FRAZIONI

Iniziamo questo argomento con un esempio pratico.
Sei a una festa di compleanno e il festeggiato ti chiede: vuoi i $\frac{7}{9}$ o i $\frac{5}{6}$ della torta? Questo è un problema serio, se sbagli risposta mangerai meno torta! Se poi la torta fosse al cioccolato ci perderesti ancora di più!

Non ti credo più! La torta sarà la stessa cosa delle caramelle: se ne parla tanto, ma mai che si mangi qualcosa!

Come possiamo risolverlo?
Dobbiamo confrontare le frazioni $\frac{7}{9}$ e $\frac{5}{6}$.

Le frazioni operano su un intero, che in questo caso è la torta. Impariamo a leggere così le frazioni:

$\frac{7}{9}$ = 7 delle 9 parti in cui è diviso l'intero

$\frac{5}{6}$ = 5 delle 6 parti in cui è diviso l'intero

Ci possiamo rendere subito conto che nel primo caso l'intero, che in questo caso è la torta, verrà diviso in 9 fette, mentre nel secondo caso in 6 fette; la diversità di dimensioni delle fette rende difficile il confronto...

Un metodo infallibile per scegliere quale frazione mangiare è trasformare le frazioni in frazioni equivalenti, aventi cioè lo stesso valore e aventi lo stesso denominatore. Questo ci consente di dividere la torta in fette uguali e confrontabili.

? Trasformiamo le frazioni $\frac{7}{9}$ e $\frac{5}{6}$ in frazioni equivalenti, aventi lo stesso denominatore.

m.c.d. (9;6)

9	3	**6**	2
3	3	3	3
1		**1**	

$9 = \quad 3^2$

$6 = 2 \times 3$

✓ m.c.d. $2 \times 3^2 = 2 \times 9 = \mathbf{18}$

$$\frac{7 \times 2}{9 \times 2} = \frac{14}{18}$$

$$\frac{5 \times 3}{6 \times 3} = \frac{15}{18}$$

Utilizzando il metodo rapido visto prima, abbiamo:

✓ $\frac{7}{9}$ equivale a $\frac{14}{18}$ $(18 : 9 \times 7 = 14)$

✓ $\frac{5}{6}$ equivale a $\frac{15}{18}$ $(18 : 6 \times 5 = 15)$

Ora posso confrontare le due frazioni perché dividendo l'intero (la torta) nello stesso numero di parti (fette) queste saranno uguali tra loro e pertanto confrontabili.

$\frac{14}{18}$ divido la torta in 18 fette e ne considero 14 (nel nostro caso ne mangiamo 14)

$\frac{15}{18}$ divido la torta in 18 fette e ne considero 15 (nel nostro caso ne mangiamo 15)

Sceglieremo quindi la frazione $\frac{5}{6}$ che corrisponde a $\frac{15}{18}$ perché mangeremo 15 fette invece di 14!!!

Ti dico la verità, io avrei scelto i $\frac{7}{9}$ perché 7 e 9 sono più grandi di 5 e 6.

Dopo averti ascoltato tutto questo tempo, però, mi meriterei davvero un bel pezzettone di torta!

Proviamo a fare un po' di esercizi. Trasformiamo le seguenti frazioni in frazioni equivalenti aventi lo stesso denominatore.

$$\mathbf{\frac{4}{15}; \frac{7}{36}; \frac{11}{12}}$$

$15 = 3 \times 5$

$36 = 2^2 \times 3^2$

$12 = 2^2 \times 3$

Ho scomposto in fattori primi i denominatori, ed essendo numeri facili da esprimere come prodotto, non faccio divisioni.

✓ m.c.m. $(15; 36; 12) = 2^2 \times 3^2 \times 5 = \mathbf{180}$

$$\frac{4^{\times 12}}{15_{\times 12}} = \frac{48}{180}$$

trasformo le frazioni in frazioni equivalenti aventi lo stesso denominatore

$$\frac{7^{\times 5}}{36_{\times 5}} = \frac{35}{180}$$

$$\frac{11^{\times 15}}{12_{\times 15}} = \frac{165}{180}$$

✓ Le frazioni equivalenti sono: $\mathbf{\frac{48}{180}; \frac{35}{180}; \frac{168}{180}}$

$\mathbf{\frac{6}{11}; \frac{5}{12}; \frac{3}{4}}$

$11 = \quad 11$

$12 = 2^2 \times 3$

$4 = 2^2$

Ho scomposto in fattori primi i denominatori, ed essendo numeri facili da esprimere come prodotto, non faccio divisioni.

✓ m.c.m. $(11; 12; 4) = 2^2 \times 3 \times 11 = \mathbf{132}$

$$\frac{6^{\times 12}}{11_{\times 12}} = \frac{72}{132}$$

$$\frac{5^{\times 11}}{12_{\times 11}} = \frac{55}{132}$$

$$\frac{3^{\times 33}}{4_{\times 33}} = \frac{99}{132}$$

3

✓ Le frazioni equivalenti sono: $\mathbf{\frac{72}{132}; \frac{55}{132}; \frac{99}{132}}$

Ora provate da soli...
Trasformate i seguenti gruppi di frazioni in frazioni equivalenti aventi per denominatore il loro m.c.d.

ESERCIZIO 13

A $\frac{3}{5}; \frac{2}{15}; \frac{7}{12}$

B $\frac{11}{36}; \frac{7}{20}; \frac{5}{16}$

C $\frac{17}{4}; \frac{9}{16}; \frac{11}{14}$

D $\frac{3}{20}; \frac{6}{13}; \frac{7}{26}$

E $\frac{1}{40}; \frac{1}{15}; \frac{1}{45}$

3.6
OPERAZIONI CON LE FRAZIONI

Marco stai attento, ora parleremo della riduzione di una frazione ai minimi termini, un po' come hai ridotto tu la mia pazienza...

3.6.1 RIDUZIONE AI MINIMI TERMINI (SEMPLIFICAZIONE)

Tecnicamente si dice "riduzione ai minimi termini di una frazione", imparate questa espressione, così se la leggete da qualche parte sapete di cosa si sta parlando. Noi useremo il termine "semplificazione". Data la frazione:

$$\mathbf{\frac{40}{12}}$$

noi possiamo dividere il numeratore e il denominatore per i divisori che hanno in comune, fino a ottenere due numeri che non hanno più divisori in comune e che in matematica vengono detti "primi tra loro":

$$\frac{40:2}{12:2}=\frac{20}{6}=$$

$$\frac{20:2}{6:2}=\mathbf{\frac{10}{3}}$$

Dato che 10 e 3 non hanno più divisori in comune, non possiamo continuare e la frazione è ridotta ai minimi termini.

Facciamo altri esempi, semplificando una frazione e barrando ogni volta che possiamo numeratore e denominatore contemporaneamente.

$$\frac{\cancel{90}^{\cancel{30}^{\cancel{10}^{2}}}}{\cancel{135}_{\cancel{45}_{\cancel{15}_{3}}}}=\frac{2}{3}$$

Primo passaggio
90 e 135 sono entrambi divisibili per 3, li barro e metto il risultato della divisione per 3 al loro posto (30 e 45).

Secondo passaggio
30 e 45 sono ancora divisibili per 3, li barro e metto il risultato della divisione per 3 al loro posto (10 e 15).

Terzo passaggio
10 e 15 sono divisibili per 5, li barro e metto il risultato della divisione per 5 al loro posto (2 e 3). 2 e 3 non hanno divisori in comune (sono primi tra loro) e quindi:

$\frac{2}{3}$ **è il risultato della semplificazione.**
Naturalmente $\frac{90}{135}$ **è equivalente a** $\frac{2}{3}$.

Maaa... noi otteniamo frazioni equivalenti a quella data anche se dividiamo? Prima ci avevi detto che si ottenevano moltiplicando sia sopra che sotto per uno stesso numero!

Si è svegliato! Bravo, hai collegato gli argomenti.

Ora me la dai una fetta di torta?

No, però è così che si impara la matematica, mettendo insieme tutto!

*Ora ti rispondo: sì, otteniamo frazioni equivalenti a quella data sia moltiplicando che dividendo "sopra" e "sotto" per uno stesso numero.
In questi esercizi dividiamo sia numeratore che denominatore per uno stesso numero.*

Nelle semplificazioni, però, non è obbligatoria la scelta del divisore, io nell'esempio ho fatto due divisioni per 3 e una per 5, ma mi sarebbe però **uscito*** *lo stesso risultato dividendo una volta per 15 e una per 3, guardate:*

$$\frac{\cancel{90}^{\cancel{6}^2}}{\cancel{135}_{\cancel{9}_3}} = \frac{2}{3}$$

* *Ho usato il termine "**uscito**" perché nel gergo dei miei allievi è molto usato, quando non riescono a risolvere qualche esercizio dicono: «Prof. non mi è uscito!».*

3.6.2 ADDIZIONE DI FRAZIONI

Ho individuato tre casi specifici: addizione di frazioni con lo stesso denominatore, con denominatore diverso e addizione di frazioni con numeri interi. Vediamole in quest'ordine.

ADDIZIONE DI FRAZIONI AVENTI LO STESSO DENOMINATORE

$$\mathbf{\frac{5}{3} + \frac{7}{3} =}$$

$$\frac{5}{3} + \frac{7}{3} = \frac{5+7}{3} = \mathbf{\frac{12}{3}}$$

Quando due o più frazioni hanno lo stesso denominatore basta sommare i numeratori e lasciare il denominatore scritto una volta sola nel mezzo.

Per esempio, nel caso riportato sopra, io devo sommare $\frac{5}{3}$ e $\frac{7}{3}$ ed avendo tutte e due 3 come denominatore avremo:

$\frac{5}{3}$ = 5 delle 3 parti in cui è diviso l'intero

$\frac{7}{3}$ = 7 delle 3 parti in cui è diviso l'intero

Quindi, l'intero è diviso sempre in 3 parti e le parti saranno uguali tra loro (ricordatevi l'esempio della torta, posso sommare solo fette uguali). A questo punto, sommo le parti 5 + 7 e non sommo i 3, che indicano solo come sono le parti.

C'è qualcosa che non va! Se dividi l'intero in 3 parti uguali, come fai a prenderne 5 la prima volta e 7 la seconda?

Bella domanda!

Ora me la merito una fetta di torta?

No. Però ti meriti una bella spiegazione!

Quando il numeratore è maggiore del denominatore si riproduce l'unità frazionaria tante volte quante ne indica il numeratore

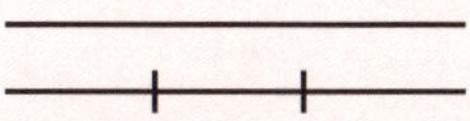

intero $\left(\frac{3}{3}\right)$

intero diviso in 3 parti uguali (ciascuno è $\frac{1}{3}$)

per ottenere $\frac{5}{3}$ rappresento una parte 5 volte:

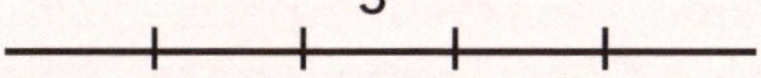

Quindi, il denominatore ci indica in quante parti dobbiamo dividere l'intero e una parte viene presa come unità da riprodurre tante volte quante ce ne chiede il numeratore.

3

Facciamo qualche altro esempio per esercitarci.

$$\mathbf{\frac{4}{5}+\frac{6}{5}+\frac{7}{5}=}$$

$$\frac{4}{5}+\frac{6}{5}+\frac{7}{5}=\frac{4+6+7}{5}=\frac{17}{5}$$

$$\frac{9}{13}+\frac{11}{13}+\frac{19}{13}=\frac{9+11+19}{13}=\frac{\cancel{39}^{3}}{\cancel{13}_{1}}=3$$

39 e 13 possono essere semplificati, perché entrambi sono divisibili per 13

$$\frac{24}{11}+\frac{16}{11}+\frac{20}{11}=\frac{24+16+20}{11}=\mathbf{\frac{60}{11}}$$

ADDIZIONE DI FRAZIONI AVENTI DIVERSO DENOMINATORE

$$\mathbf{\frac{5}{14}+\frac{8}{21}=}$$

Non avendo le frazioni lo stesso denominatore, come prima cosa dobbiamo trovare il m.c.d. come abbiamo fatto per il confronto di frazioni (le scomposizioni, se riuscite, fatele a mente!).

$$14=2\qquad\times 7$$
$$21=\qquad 3\times 7$$

m.c.d. $= 2\times 3\times 7 = \mathbf{42}$

$$\frac{5}{14}+\frac{8}{21}=\frac{\quad}{42}$$

Il denominatore comune è 42, ora dobbiamo trasformare i numeratori, ma lo facciamo a mente o a parte, sulla linea di frazione con denominatore 42 scriviamo direttamente i risultati delle trasformazioni:

$42:14\times 5=15 \qquad 42:21\times 8=16$

$$\frac{5}{14}+\frac{8}{21}=\frac{15+16}{42}=\mathbf{\frac{31}{42}}$$

Facciamo qualche altro esempio.

$$\mathbf{\frac{19}{15}+\frac{3}{5}+\frac{14}{3}=}$$

$$\frac{19}{15}+\frac{3}{5}+\frac{14}{3}=\frac{\quad}{\mathbf{15}}$$

Ricordate: 15 è multiplo sia di 5 che di 3, quindi **15 è il m.c.d.** Ora trasformiamo i numeratori della seconda e terza frazione:

$15:15 \times 19 = 19$

$15:5 \times 3 = 9$

$15:3 \times 14 = 70$

$$\frac{19}{15}+\frac{3}{5}+\frac{14}{3}=\frac{19+9+70}{15}=\mathbf{\frac{98}{15}}$$

$$\mathbf{\frac{6}{25}+\frac{13}{15}+\frac{17}{50}=}$$

Calcoliamo il m.c.d. e poi vediamo le trasformazioni:

$25 = \quad 5^2$

$15 = \quad 3 \times 5$

$50 = 2 \quad \times 5^2$

m.c.d. $= 2 \times 3 \times 5^2 = \mathbf{150}$

$150:25 \times 6 = 36$

$150:15 \times 13 = 130$

$150:50 \times 17 = 51$

$$\frac{6}{25}+\frac{13}{15}+\frac{17}{50}=\frac{36+130+51}{150}=\mathbf{\frac{217}{150}}$$

ADDIZIONE DI FRAZIONI NON RIDOTTE AI MINIMI TERMINI (SEMPLIFICATE)

$$\mathbf{\frac{46}{50}+\frac{36}{100}+\frac{13}{25}=}$$

Le prime due frazioni sono semplificabili, ed è meglio semplificarle per facilitare i calcoli:

$$\frac{\cancel{46}^{23}}{\cancel{50}_{25}}+\frac{\cancel{36}^{\cancel{18}^{9}}}{\cancel{100}_{\cancel{50}_{25}}}+\frac{13}{25}=$$

Riscrivo le frazioni ottenute dopo le semplificazioni (hanno già lo stesso denominatore):

$$\frac{23}{25}+\frac{9}{25}+\frac{13}{25}=\frac{23+9+13}{25}=\frac{\cancel{45}^{9}}{\cancel{25}_{5}}=\mathbf{\frac{9}{5}}$$

$$\mathbf{\frac{18}{45}+\frac{20}{24}+\frac{50}{20}=}$$

Semplifichiamo le 3 frazioni:

$$\frac{\cancel{18}^{\cancel{6}^{2}}}{\cancel{45}_{\cancel{15}_{5}}}+\frac{\cancel{20}^{5}}{\cancel{24}_{6}}+\frac{\cancel{50}^{5}}{\cancel{20}_{2}}=$$

Riscriviamo le frazioni ottenute dopo le semplificazioni:

$$\frac{2}{5}+\frac{5}{6}+\frac{5}{2}=$$

Calcoliamo quindi il m.c.d. e poi vediamo le trasformazioni:

$5 = \quad\quad 5$

$6 = 2 \times 3$

$2 = 2$

m.c.d. $= 2 \times 3 \times 5 = 30$

$$\frac{2}{5}+\frac{5}{6}+\frac{5}{2}=\frac{12+25+75}{30}=\frac{\cancel{112}^{56}}{\cancel{30}_{15}}=\mathbf{\frac{56}{15}}$$

$30 : 5 \times 2 = 12$

$30 : 6 \times 5 = 25$ } trasformazioni

$30 : 2 \times 5 = 75$

$$\mathbf{\frac{30}{35}+\frac{38}{12}+\frac{22}{42}=}$$

Semplifichiamo le frazioni:

$$\frac{\cancel{30}^{6}}{\cancel{35}_{7}}+\frac{\cancel{38}^{19}}{\cancel{12}_{6}}+\frac{\cancel{22}^{11}}{\cancel{42}_{21}}=$$

Riscriviamo le frazioni semplificate:

$$\frac{6}{7}+\frac{19}{6}+\frac{11}{21}=$$

Calcoliamo il m.c.d. e poi vediamo le trasformazioni:

$7 = \quad\quad 7$

$6 = 2\times 3$

$21 = \quad 3\times 7$

m.c.d. $= 2\times 3\times 7 = 42$

$$\frac{6}{7}+\frac{19}{6}+\frac{11}{21}=\frac{36+133+22}{42}=\mathbf{\frac{191}{42}}$$

$$\left.\begin{array}{l} 42:7\times 6=36 \\ 42:6\times 19=133 \\ 42:21\times 11=22 \end{array}\right\}\quad \text{trasformazioni}$$

Adesso faccio un'addizione senza spiegazioni, riportando solo i passaggi essenziali.

$$\frac{\cancel{27}^{3}}{\cancel{81}_{9}}+\frac{\cancel{35}^{7}}{\cancel{45}_{9}}+\frac{\cancel{35}^{5}}{\cancel{126}_{18}}=\frac{6+14+5}{18}=\mathbf{\frac{25}{18}}$$

Provate a rifarla da soli. Come vi ho già detto potete semplificare in diversi modi, l'importante è che alla fine della semplificazione arriviate ad avere questi stessi risultati!

Ah dimenticavo, nella prima frazione 3 e 9 potevano essere ancora semplificati, ma non mi conveniva farlo dato che 18 è il m.c.d. e quindi, per portarlo al nuovo denominatore, farò 9 x 2. Se fossi scesa a 3 (semplificando ancora il 9) per riportarlo al nuovo denominatore dovevo moltiplicarlo per 6. Sono finezze, non preoccupatevi: un giorno con la pratica le capirete; inoltre, siete abbastanza liberi di fermarvi dove volete nelle semplificazioni.

ADDIZIONE DI UN NUMERO INTERO CON LE FRAZIONI

$$\mathbf{2+\frac{3}{4}=}$$

2 non ha denominatore, ma è come se avesse per denominatore 1, per cui possiamo mettere 1 e trasformarlo in frazione:

$$\frac{2}{1}+\frac{3}{4}=$$

Ricordiamo che il m.c.d. tra un numero e 1 è il numero stesso, quindi il m.c.d. è 4. Dobbiamo solo fare la trasformazione:

$$4:1\times 2=8$$

$$\frac{2}{1}+\frac{3}{4}+\frac{8+3}{4}=\mathbf{\frac{11}{4}}$$

Quando sarete esperti, non scriverete più 1 al denominatore, ma vi comporterete come se ci fosse.

$$\mathbf{\frac{60}{42}+\frac{72}{36}+5+\frac{23}{24}=}$$

Mettiamo 1 al denominatore del 5 e semplifichiamo le prime 2 frazioni:

$$\frac{\cancel{60}^{10}}{\cancel{42}_{7}}+\frac{\cancel{72}^{\cancel{12}^{2}}}{\cancel{36}_{\cancel{6}_{1}}}+\frac{5}{1}+\frac{23}{24}=$$

Riscrivo dopo le semplificazioni:

$$\frac{10}{7}+\frac{2}{1}+\frac{5}{1}+\frac{23}{24}=$$

Calcoliamo il m.c.d. e poi vediamo le trasformazioni:

$7 = \quad 7$

$24 = 2^3 \times 3$

m.c.d. $= 2^3 \times 3 \times 7 = \mathbf{168}$

V $\frac{10}{7}+\frac{2}{1}+\frac{5}{1}+\frac{23}{24}+\frac{240+336+840+161}{168}=\frac{\mathbf{1577}}{\mathbf{168}}$

$168:7\times10=240$
$168:1\times2=336$
$168:1\times5=840$
$168:24\times23=161$

} trasformazioni

$\mathbf{\frac{7}{4}+3+\frac{8}{5}+\frac{1}{2}=}$

$\frac{7}{4}+\frac{3}{1}+\frac{8}{5}+\frac{1}{2}=$ aggiungiamo 1 al denominatore del 3

$4=2^2$
$5=\quad 5$
$2=2$
m.c.d. $=2^2\times5=20$

V $\frac{7}{4}+\frac{3}{1}+\frac{8}{5}+\frac{1}{2}=\frac{35+60+32+10}{20}=\frac{\mathbf{137}}{\mathbf{20}}$

$20:4\times7=35$
$20:1\times3=60$
$20:5\times8=32$
$20:2\times1=10$

} trasformazioni

Ora provate a fare qualche esercizio da soli…

Io ci riesco sicuramente!

Provaci almeno, prima di gettare la spugna!

ESERCIZIO 14

Eseguite le seguenti addizioni di frazioni.

A $\frac{3}{5}+\frac{2}{7}=$

B $\frac{9}{8}+\frac{1}{2}+\frac{3}{4}=$

C $\frac{13}{26}+\frac{2}{10}+5=$

D $\frac{42}{16}+\frac{8}{24}+\frac{9}{8}=$

E $\frac{88}{42}+\frac{7}{12}+\frac{11}{14}=$

3.6.3 SOTTRAZIONE DI FRAZIONI

Per le sottrazioni valgono le stesse regole delle addizioni, solo che al posto di + si usa – e quindi si sottrae.
Faremo solo qualche esempio, senza esaminare i singoli casi che abbiamo già visto con le addizioni.

✓ $\mathbf{\frac{12}{5}-\frac{14}{7}=}$ $\qquad \frac{12}{5}-\frac{14}{7}=\frac{84-70}{35}=\frac{\cancel{14}^{2}}{\cancel{35}_{5}}=\mathbf{\frac{2}{5}}$

Primo passaggio
Si calcola il m.c.d. tra 5 e 7 che, essendo primi tra loro (non hanno divisori in comune), hanno come m.c.d. il loro prodotto, cioè 35.

Secondo passaggio
Si fanno le trasformazioni dei numeratori (35 : 5 × 12 = 84 e 35 : 7 × 14 = 70).

Terzo passaggio
Si fa la sottrazione (84 – 70 = 14).

Quarto passaggio
Si semplifica il risultato dividendo sia numeratore che denominatore per 7.

Passiamo subito agli esercizi con addizioni e sottrazioni.

$\mathbf{\frac{2}{5}+\frac{3}{2}-\frac{3}{10}=}$

Ricordate: 10 è multiplo sia di 2 che di 5, quindi **10 è il m.c.d.**
Ora trasformiamo i numeratori:

$10 : 5 \times 2 = 4$

$10 : 2 \times 3 = 15$

$$\frac{2}{5}+\frac{3}{2}-\frac{3}{10}=\frac{4+15-3}{10}=\frac{\cancel{16}^{\,8}}{\cancel{10}_{\,5}}=\mathbf{\frac{8}{5}}$$

$$\mathbf{\frac{11}{3}-\frac{5}{12}-\frac{1}{6}-2=}$$

Ricordate: 12 è multiplo sia di 3 che di 6, quindi **12 è il m.c.d.**
Ora trasformiamo i numeratori e sottraiamo:

$12 : 3 \times 11 = 44$

$12 : 6 \times 1 = 2$

$12 : 1 \times 2 = 24$

$$\frac{11}{3}-\frac{5}{12}-\frac{1}{6}-2=\frac{44-5-2-24}{12}=\mathbf{\frac{13}{12}}$$

Ora siete pronti per le espressioni con le parentesi!

$$\mathbf{\frac{6}{5}+\left(\frac{2}{3}-\frac{3}{5}-\frac{1}{20}\right)=}$$

$$\frac{6}{5}+\left(\frac{2}{3}-\frac{3}{5}-\frac{1}{20}\right)=$$

prima si risolve la tonda e quando si fa m.c.d. si può toglier la parentesi

$$\frac{6}{5}+\frac{40-36-3}{60}=$$

m.c.d. (3; 5; 20) = $2^2 \times 3 \times 5 = 60$
60 : 3 x 2 = 40 60 : 5 x 3 = 36 60 : 20 x 1 = 3

$$\frac{6}{5}+\frac{1}{60}=\frac{72+1}{60}=\mathbf{\frac{73}{60}}$$

m.c.d (5; 60) = 60
60 : 5 x 6 = 72   60 : 60 x 1 = 1

$$\mathbf{\frac{2}{3}+\frac{7}{5}+\left(\frac{21}{13}-\frac{6}{26}\right)=}$$

$$\frac{2}{3}+\frac{7}{5}\quad\left(\frac{21}{13}-\frac{6}{26}\right)=$$

prima si risolve la tonda

$$\frac{2}{3}+\frac{7}{5}+\frac{42-6}{26}=$$

m.c.d.(13; 26) = 26
26 : 13 x 21 = 42   26 : 26 x 6 = 6

$$\frac{2}{3}+\frac{7}{5}+\frac{42-6}{26}=$$

$$\frac{2}{3}+\frac{7}{5}+\frac{36}{26}=\frac{260+546+540}{390}=\frac{\cancel{1346}^{673}}{\cancel{390}_{195}}=\mathbf{\frac{673}{195}}$$

m.c.d. (3; 5; 26) = 2 x 3 x 5 x 13 = 390
390 : 3 x 2 = 260
390 : 5 x 7 = 546
390 : 26 x 36 = 540

semplifico dividendo per 2

Adesso risolvete le seguenti espressioni con frazioni.

ESERCIZIO 15

A $\frac{3}{4}+\frac{5}{6}-\frac{1}{8}=$

B $\frac{17}{3}-\frac{13}{6}-\frac{1}{2}=$

C $\frac{23}{15}-\left(\frac{1}{5}+\frac{3}{15}-\frac{1}{10}\right)+\frac{7}{12}=$

D $\frac{64}{21}-2+\left(\frac{39}{5}-\frac{17}{15}\right)=$

E $6-\frac{47}{25}-\left(\frac{1}{3}+\frac{20}{9}\right)=$

3.6.4 MOLTIPLICAZIONE DI FRAZIONI

Per calcolare il prodotto di due o più frazioni:

- si moltiplicano i numeratori tra loro;
- si moltiplicano i denominatori tra loro.

$\frac{6}{7} \times \frac{5}{11} = \mathbf{\frac{30}{77}}$ ho fatto 6 x 5 = 30 sopra
ho fatto 7 x 11 = 77 sotto

SEMPLIFICARE LE FRAZIONI DI UNA MOLTIPLICAZIONE

Nelle moltiplicazioni è possibile semplificare anche a "a croce". Vediamo come:

$\frac{24}{25} \times \frac{35}{16} =$ semplifico il 24 con il 16 e
il 25 con il 35

Per far vedere meglio le semplificazioni, faccio due passaggi:

$\frac{\cancel{24}^{3}}{25} \times \frac{35}{\cancel{16}_{2}} =$ ho diviso per 8 $\frac{4}{\cancel{25}_{5}} \times \frac{\cancel{35}^{7}}{16} =$ ho diviso per 5

$\frac{\cancel{24}^{3}}{\cancel{25}_{5}} \times \frac{\cancel{35}^{7}}{\cancel{16}_{2}} = \mathbf{\frac{21}{10}}$ moltiplico 3 x 7 sopra e 5 x 2 sotto

Vediamo ora un caso in cui sia possibile effettuare sia le semplificazioni "a croce" sia quelle tra numeratore e denominatore (che abbiamo visto precedentemente):

$\mathbf{\frac{84}{35} \times \frac{125}{40}} =$

Le semplificazioni, come ho detto più volte, sono libere. In questo caso possiamo scegliere di semplificare prima il 35 con il 125, oppure il 125 con il 40 o il 40 con l'84.

$$\frac{84}{35} \times \frac{\cancel{125}^{25}}{\cancel{40}_{8}} =$$

scegliamo di semplificare il 125 con il 40 dividendo per 5

$$\frac{\cancel{84}^{21}}{35} \times \frac{\cancel{125}^{25}}{\cancel{40}_{\cancel{8}_{2}}} =$$

ora possiamo semplificare l'8 con l'84 dividendo per 4

A questo punto possiamo scegliere:
o semplifichiamo il 21 con il 35 dividendo per 7;
o semplifichiamo il 35 con il 25 dividendo per 5.
Il risultato non cambia!

Scegliamo di semplificare il 35 con il 21:

$$\frac{\cancel{84}^{\cancel{21}^{3}}}{\cancel{35}_{5}} \times \frac{\cancel{125}^{25}}{\cancel{40}_{\cancel{8}_{2}}} =$$

Infine semplifichiamo il 5 con il 25 dividendo per 5:

$$\frac{\cancel{84}^{\cancel{21}^{3}}}{\cancel{35}_{\cancel{5}_{1}}} \times \frac{\cancel{125}^{\cancel{25}^{5}}}{\cancel{40}_{\cancel{8}_{2}}} = \mathbf{\frac{15}{2}}$$

moltiplichiamo 3 x 5 al numeratore e 1 x 2 al denominatore

Facciamo altri esempi, semplificando in un unico passaggio.

$$\frac{\cancel{48}^{\cancel{12}^{\cancel{2}^{1}}}}{\cancel{42}_{\cancel{6}_{1}}} \times \frac{\cancel{49}^{7}}{\cancel{88}_{\cancel{22}_{11}}} = \mathbf{\frac{7}{11}}$$

Ho semplificato il 48 con l'88 dividendo per 4, il 42 con il 49 dividendo per 7, il 6 con il 12 dividendo per 6 e il 2 con il 22 dividendo per 2.

$$\frac{\cancel{45}^{\cancel{5}^{1}}}{\cancel{60}_{\cancel{20}_{4}}} \times \frac{\cancel{95}^{19}}{\cancel{35}_{\cancel{7}_{1}}} \times \frac{\cancel{21}^{\cancel{7}^{1}}}{\cancel{81}_{9}} = \mathbf{\frac{19}{36}}$$

Ho semplificato il 45 con l'81 dividendo per 9, il 21 con il 60 dividendo per 3, il 20 con il 95 dividendo per 5, il 35 con il 5 dividendo per 5, il 7 con il 7 dividendo per 7.

✓ $$\frac{\cancel{122}^{\cancel{2}^1}}{\cancel{61}_1} \times \frac{\cancel{25}^1}{\cancel{4}_{\cancel{2}_1}} \times \frac{\cancel{13}^1}{\cancel{100}_4} \times \frac{\cancel{2}^1}{\cancel{39}_3} = \mathbf{\frac{1}{12}}$$

Ho semplificato il 122 con il 61 dividendo per 61, il 4 con il 2 dividendo per 2 , il 2 con il 2 dividendo per 2, il 100 con il 25 dividendo per 25, il 13 con il 39 dividendo per 13.

DIREZIONI X SEMPLIFICARE LE MOLTIPLICAZIONI DI FRAZIONI

Nella moltiplicazione di frazioni,
si può semplificare nelle seguenti direzioni:

↕ VERTICALE   ⤡⤢ "A CROCE" ✓ semplificazioni corrette

ma non si può mai semplificare in questa direzione

↔ ORIZZONTALE   ✗ semplificazioni sbagliate

3.6.5 DIVISIONE DI FRAZIONI

Per dividere due frazioni dobbiamo trasformare la divisione in un prodotto nel seguente modo:

$$\frac{45}{32} : \frac{15}{14} = \frac{45}{32} \times \frac{14}{15} =$$

si capovolge la frazione che si trova dopo il segno : e si mette il ×

✓ $$\frac{\cancel{45}^3}{\cancel{32}_{16}} \times \frac{\cancel{14}^7}{\cancel{15}_1} = \mathbf{\frac{21}{16}}$$

poi si procede normalmente con le regole della moltiplicazione

Ma la divisione in pratica è una moltiplicazione?

Non proprio, per essere eseguita deve essere trasformata in moltiplicazione capovolgendo la frazione che si trova dopo il segno del diviso.

E se devo dividere 3 o 4 frazioni le metto tutte a testa in giù?

Quasi tutte, meno la prima:

$$\frac{44}{27}:\frac{35}{18}:\frac{66}{21}:\frac{77}{28}=\frac{44}{27}\times\frac{18}{35}\times\frac{21}{66}\times\frac{28}{77}=$$

Sono state capovolte tutte le frazioni dopo il segno ":" , quindi si può procedere normalmente con le semplificazioni:

$$\frac{\cancel{44}^{4}}{\cancel{27}_{3}}\times\frac{\cancel{18}^{2}}{\cancel{35}_{5}}\times\frac{\cancel{21}^{\cancel{3}^{1}}}{\cancel{66}_{\cancel{33}_{11}}}\times\frac{\cancel{28}^{\cancel{14}^{2}}}{\cancel{77}_{\cancel{7}_{1}}}=\mathbf{\frac{16}{165}}$$

Dovreste aver imparato tutte le operazioni. Proviamo a fare qualche espressione (valgono le regole viste per le espressioni con numeri interi):

$$\mathbf{\frac{10}{3}-\frac{8}{6}\times\frac{6}{16}=}$$

$$\frac{10}{3}-\frac{8}{6}\times\frac{6}{16}=$$ prima si esegue la moltiplicazione

$$\frac{10}{3}-\frac{\cancel{8}^{1}}{\cancel{6}_{1}}\times\frac{\cancel{6}^{1}}{\cancel{16}_{2}}=$$ semplifico il 6 con il 6 e l'8 con il 16

$$\frac{10}{3}-\frac{1}{2}=\frac{20-3}{6}=\mathbf{\frac{17}{6}}$$ m.c.d. tra 3 e 2 (6 : 3 x 10 = 20 e 6 : 2 x 1 = 3)

$$\frac{\mathbf{14}}{\mathbf{25}}\times\left(\frac{\mathbf{16}}{\mathbf{9}}:\frac{\mathbf{44}}{\mathbf{81}}+\frac{\mathbf{3}}{\mathbf{22}}\right)=$$

$$\frac{14}{25}\times\left(\frac{16}{9}:\frac{44}{81}+\frac{3}{22}\right)=\frac{14}{25}\times\left(\frac{16}{9}\times\frac{81}{44}+\frac{3}{22}\right)=$$

$$\frac{14}{25}\times\left(\frac{\cancel{16}^{4}}{\cancel{9}_{1}}\times\frac{\cancel{81}^{9}}{\cancel{44}_{11}}+\frac{3}{22}\right)=$$

$$\frac{14}{25}\times\left(\frac{36}{11}+\frac{3}{22}\right)=$$

$$\frac{14}{25}\times\left(\frac{72+3}{22}\right)=$$

$$\frac{\cancel{14}^{7}}{\cancel{25}_{1}}\times\frac{\cancel{75}^{3}}{\cancel{22}_{11}}=\frac{\mathbf{21}}{\mathbf{11}}$$

$$\left(\frac{\mathbf{7}}{\mathbf{12}}-\frac{\mathbf{3}}{\mathbf{20}}+\frac{\mathbf{11}}{\mathbf{30}}\right)\times\left(\mathbf{12}-\frac{\mathbf{4}}{\mathbf{3}}\right)-\left(\frac{\mathbf{8}}{\mathbf{5}}-\frac{\mathbf{3}}{\mathbf{4}}\right):\frac{\mathbf{17}}{\mathbf{89}}=$$

$$\frac{35-9+22}{60}\times\frac{36-4}{3}-\frac{32-15}{20}\times\frac{89}{17}=$$

$$\frac{\cancel{48}^{\cancel{16}^{8}}}{\cancel{60}_{\cancel{30}_{15}}}\times\frac{\cancel{32}^{16}}{\cancel{3}_{1}}-\frac{\cancel{17}^{1}}{20}\times\frac{89}{\cancel{17}_{1}}=$$

$$\frac{128}{15}-\frac{89}{20}=\frac{512-267}{60}=\frac{\cancel{245}^{49}}{\cancel{60}_{12}}=\frac{\mathbf{49}}{\mathbf{12}}$$

Pensate di potercela fare da soli?

Ohhh! Vi aiuto io raga!

ESERCIZIO 16

A $\left(\frac{2}{3}+\frac{1}{12}\right)\times\left(\frac{5}{6}+2-\frac{3}{10}\right)=$

B $\left(5-\frac{18}{13}\right):\frac{47}{24}+\left(\frac{1}{2}+\frac{1}{6}\right)-\frac{8}{5}\times\frac{25}{24}=$

C $\left[\left(\frac{5}{3}+\frac{7}{6}\right):\frac{3}{2}+\left(2-\frac{5}{4}\right)\times\left(3-\frac{8}{3}\right)\right]:\frac{11}{6}=$

D $\left(\frac{19}{32}-\frac{9}{16}+\frac{1}{2}\right)\times\frac{6}{17}+\left[\left(\frac{8}{3}+\frac{9}{4}-\frac{9}{8}\right):\frac{7}{4}\right]=$

E $\left[\left(\frac{11}{70}+\frac{9}{14}-\frac{4}{15}\right):\frac{112}{35}+\left(\frac{43}{25}-\frac{56}{50}\right)\right]\times\frac{60}{23}=$

3.6.6 POTENZE DI FRAZIONI

La potenza di una frazione si ottiene elevando all'esponente della potenza sia il numeratore che il denominatore della frazione.

POTENZA

ESPONENTE

$$\left(\frac{3}{4}\right)^2 = \frac{9}{16}$$

BASE

Le regole sono le stesse che abbiamo visto per i numeri interi:

- **PRODOTTO DI POTENZE CON UGUAL BASE E DIVERSO ESPONENTE**

$$\left(\frac{3}{5}\right)^2\times\left(\frac{3}{5}\right)^3=\left(\frac{3}{5}\right)^{2+3}=\left(\frac{3}{5}\right)^5$$

QUOZIENTE DI POTENZE CON UGUAL BASE E DIVERSO ESPONENTE

$$\left(\frac{3}{5}\right)^5 : \left(\frac{3}{5}\right)^3 = \left(\frac{3}{5}\right)^{5-3} = \left(\frac{3}{5}\right)^2$$

PRODOTTO DI POTENZE CON DIVERSA BASE E UGUAL ESPONENTE

$$\left(\frac{13}{6}\right)^3 \times \left(\frac{3}{5}\right)^3 = \left(\frac{13}{\cancel{6}_2} \times \frac{\cancel{3}^1}{5}\right)^3 = \left(\frac{13}{10}\right)^3$$

QUOZIENTE DI POTENZE CON DIVERSA BASE E UGUAL ESPONENTE

$$\left(\frac{9}{10}\right)^3 : \left(\frac{3}{5}\right)^3 = \left(\frac{9}{10} : \frac{3}{5}\right)^3 = \left(\frac{\cancel{9}^3}{\cancel{10}_2} \times \frac{\cancel{5}^1}{\cancel{3}_1}\right)^3 = \left(\frac{3}{2}\right)^3 =$$

POTENZA DI UNA POTENZA

$$\left[\left(\frac{3}{5}\right)^2\right]^3 = \left[\frac{3}{5}\right]^{2\times3} = \left[\frac{3}{5}\right]^6$$

Applicate ora le proprietà delle potenze alle espressioni.

ESERCIZIO 17

A $\left(\frac{3}{7}\right)^5 : \left(\frac{3}{7}\right)^3 : \left(\frac{3}{7}\right) =$

B $\left(\frac{25}{81}\right)^3 : \left(\frac{50}{27}\right)^3 =$

C $\left\{\left[\left(\frac{2}{9}\right)^2\right]^3\right\}^2 : \left(\frac{4}{27}\right)^{12} =$

D $\left(\frac{11}{8}\right) \times \left(\frac{11}{8}\right)^3 \times \left(\frac{11}{8}\right)^5 : \left(\frac{11}{8}\right)^8 =$

Elevate a potenza le seguenti frazioni:

E $\left(\frac{2}{3}\right)^3 =$ $\left(\frac{1}{7}\right)^2 =$ $\left(\frac{3}{2}\right)^2 =$ $\left(\frac{1}{2}\right)^4 =$ $\left(\frac{25}{5}\right)^3 =$

3.7
PROBLEMI CON LE FRAZIONI

Cosa possiamo fare con le frazioni? Per esempio, possiamo risolvere problemi che possono essere raggruppati così:

Primo tipo: conosco il valore dell'intero e devo trovare il valore di una sua frazione (problemi diretti);
Secondo tipo: conosco una frazione dell'intero e il suo valore e devo trovare l'intero (problemi inversi);
Terzo tipo: conosco la somma di due numeri e uno è una frazione dell'altro;
Quarto tipo: conosco la differenza di due numeri e uno è una frazione dell'altro.

PROBLEMI DEL PRIMO E SECONDO TIPO (DIRETTI E INVERSI)

Per risolvere questi problemi usiamo il metodo grafico con i segmenti.

PROBLEMA DEL PRIMO TIPO
? **Una strada è lunga 40 km, ne percorro i suoi $\frac{3}{8}$. Quanti km ho percorso?**

Ma non ce l'ha un tachimetro?!

Come fai con un tachimetro a misurare $\frac{3}{8}$ di una strada?

DATI/INCOGNITE

DATI	INCOGNITE
km 40 = lunghezza strada	km percorsi = ?
3/8 della strada = strada percorsa	

RISOLVO:

Se ho percorso $\frac{3}{8}$ della strada posso dire: ho percorso 3 delle 8 parti in cui è divisa la strada, quindi rappresento graficamente un segmento diviso in 8 parti uguali che corrisponde alla strada lunga 40 km.

RAPPRESENTAZIONE CON IL METODO GRAFICO:

parte percorsa $\frac{3}{8}$

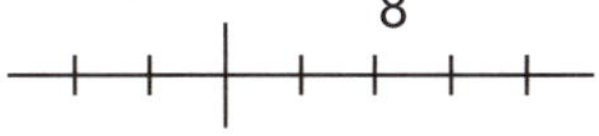

strada lunga 40 km

3

3 parti delle 8 parti complessive corrispondono alla strada percorsa.

Se 40 km sono divisi in 8 parti uguali, per trovare il valore di una parte basterà fare:

40 : 8 = 5 km valore di una parte che corrisponde all'unità frazionaria $\frac{1}{8}$

⊢⊣ = 5 km

Moltiplichiamo il valore di una parte per 3 e troviamo quanti km abbiamo percorso:

5 × 3 = **15 km** percorsi

REGOLA DI RISOLUZIONE RAPIDA
DEI PROBLEMI DI PRIMO TIPO O PROBLEMI DIRETTI

Questo problema può essere risolto molto più velocemente facendo:

$$40 \times \frac{3}{8} = \frac{\cancel{40}^{5}}{1} \times \frac{3}{\cancel{8}_{1}} = 15$$ km percorsi

Conosco l'intero e devo trovare il valore di una frazione:

INTERO x FRAZIONE = VALORE FRAZIONE DELL'INTERO

PROBLEMA DEL SECONDO TIPO

? Ho mangiato 6 caramelle che corrispondono ai $\frac{3}{7}$ delle caramelle contenute in un sacchetto, quante caramelle conteneva in tutto il sacchetto?

DATI/INCOGNITE

DATI	INCOGNITE
6 caramelle = $\frac{3}{7}$ caramelle sacchetto	caramelle totali sacchetto = ?

RISOLVO:

Ho mangiato 6 caramelle che corrispondono a 3 delle 7 parti in cui sono state divise le caramelle di un sacchetto, quindi rappresento graficamente un segmento diviso in 7 parti che corrispondono a tutte le caramelle che conteneva il sacchetto prima che io le mangiassi e ISOLO 3 parti che corrispondono a 6 caramelle.

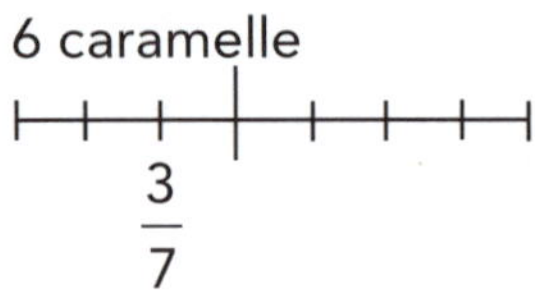

caramelle totali sacchetto

Se 6 caramelle sono divise in 3 parti uguali, per trovare il valore di una parte basterà fare:

6 : 3 = 2 caramelle

valore di una parte che corrisponde all'unità frazionaria $\frac{1}{7}$

 = 2 caramelle

Moltiplichiamo il valore di una parte per 7 e troviamo quante caramelle conteneva il sacchetto:

✓ 2 × 7 = **14 caramelle**

REGOLA DI RISOLUZIONE RAPIDA
DEI PROBLEMI DI SECONDO TIPO O PROBLEMI INVERSI

Questo problema può essere risolto molto più velocemente facendo:

$$6 : \frac{3}{7} = 6 \times \frac{7}{3} = \frac{\cancel{6}^{2}}{1} \times \frac{7}{\cancel{3}_{1}} = 14 \text{ (caramelle totali)}$$

Conosco una frazione dell'intero e il suo valore e devo trovare l'intero:
VALORE FRAZIONE : FRAZIONE = INTERO

3

ESEMPI

? Marco possiede 1.200 CD e i $\frac{27}{40}$ di questi CD sono di musica classica. Quanti CD di musica classica possiede Marco?

DATI/INCOGNITE

DATI	INCOGNITE
1.200 CD = intero	n° CD musica classica = ?
$\frac{27}{40}$ = parte – musica classica	

RISOLVO CON IL METODO RAPIDO:

✓ 1.200 : 40 × 27 = **810 n° CD musica classica**

PROBLEMA DEL SECONDO TIPO

? In una serra ci sono 450 orchidee e rappresentano i $\frac{5}{9}$ di tutte le piante presenti nella serra.
Quante piante ci sono in tutto nella serra?

DATI/INCOGNITE

DATI	INCOGNITE
450 orchidee = valore di $\frac{5}{9}$	n° totale piante = ?
$\frac{5}{9}$ = parte – orchidee	

RISOLVO CON IL METODO RAPIDO:

✓ 450 : 5 × 9 = **810 n° totale piante**

Ma ti è uscito per caso lo stesso risultato o ti sei impegnata?
E poi a me non piacciono le piante e la musica classica.
A me piacciono le torte!

Credo che nessuno di noi avesse dubbi sui tuoi gusti!

PROBLEMA DEL PRIMO TIPO

? A un inquilino si rompe la caldaia e si rivolge al proprietario di casa dato che la spesa da sostenere per la riparazione ammonta a 355 €. Il proprietario non ne vuole sapere perché questo tipo di riparazione spetta all'inquilino ma dato che al momento dell'affitto dell'appartamento la caldaia aveva già 6 anni, dopo tanta insistenza da parte dell'inquilino il proprietario è disposto a sostenere $\frac{2}{5}$ della spesa. Quanto pagherà il proprietario e quanto l'inquilino?

DATI/INCOGNITE

DATI	INCOGNITE
355 € = costo riparazione caldaia	spesa proprietario = ?
$\frac{2}{5}$ = parte spesa da proprietario	spesa inquilino = ?

RISOLVO CON IL METODO RAPIDO:

$\cancel{355}^{71} \times \frac{2}{\cancel{5}_1} =$ **142 spesa proprietario**

$355 - 142 =$ **213 spesa inquilino**

3

PROBLEMA DEL SECONDO TIPO

? Un rubinetto ha riempito $\frac{3}{7}$ di una vasca con 60 ℓ. Qual è la capacità della vasca (quanti litri tiene in tutto)? Quanti ℓ mancano per riempirla?

DATI/INCOGNITE

DATI	INCOGNITE
$\frac{3}{7}$ = parte vasca riempita	capacità vasca = ?
60 ℓ = valore di $\frac{3}{7}$	ℓ mancanti = ?

RISOLVO CON IL METODO RAPIDO:

$60 : \frac{7}{3} = \cancel{60}^{20} \times \frac{7}{\cancel{3}_1} =$ **140 ℓ capacità vasca**

$140 - 60 =$ **80 ℓ mancanti**

PROBLEMI DEL TERZO E QUARTO TIPO

PROBLEMA DEL TERZO TIPO

? La somma di due numeri è 42 e uno è $\frac{3}{4}$ dell'altro. Calcola i due numeri.

DATI/INCOGNITE

DATI	INCOGNITE
A + B = 42	A = ?
A = $\frac{3}{4}$ B	B = ?

RAPPRESENTAZIONE CON IL METODO GRAFICO:

A — A è 3 parti

B — B è 4 parti

RISOLVO:

Conosco la somma di A + B che è 42. Devo trovare quanto vale una parte. Trovo in quante parti è divisa la somma:

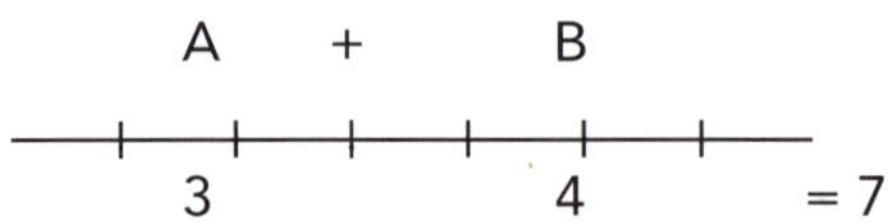

42 è diviso in 7 parti

1 parte = 42 : 7 = **6**

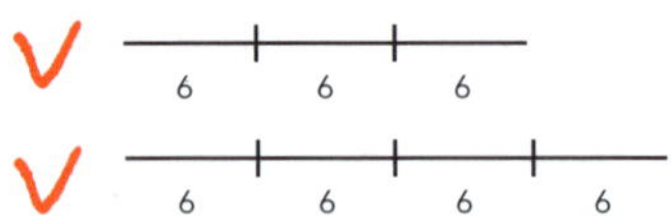

A = 6 × 3 = 18

B = 6 × 4 = 24

In questi problemi bisogna sempre trovare quanto vale una parte e bisogna partire dall'unico dato "certo", in questo caso la somma 42.

Quindi se ho la somma trovo in quante parti uguali è divisa.

REGOLA DI RISOLUZIONE RAPIDA DEI PROBLEMI DI TERZO TIPO

Il problema può essere risolto più velocemente facendo:

$$A = \frac{42}{3+4} \times 3 = \frac{\cancel{42}^{6}}{\cancel{7}_{1}} \times 3 = 18$$

A = somma dei 2 numeri : somma delle parti × numero delle parti del primo numero

$$B = \frac{42}{3+4} \times 4 = \frac{42}{\cancel{7}_{1}} \times 4 = 24$$

B = somma dei 2 numeri : somma delle parti × numero delle parti del secondo numero

Conoscendo A potete trovare B con: 42 – A = 42 – 18 = **24**

PROBLEMA DEL QUARTO TIPO

? La differenza tra due numeri è 45 e uno è i $\frac{5}{2}$ dell'alto. Calcola i due numeri.

DATI/INCOGNITE

DATI	INCOGNITE
A – B = 45	A = ?
$A = \frac{5}{2} B$	B = ?

RAPPRESENTAZIONE CON IL METODO GRAFICO:

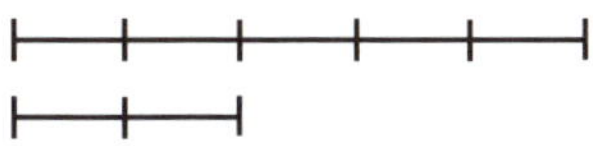

A
B

RISOLVO:

Conosco la differenza di A – B che è 45. Devo trovare quanto vale una parte. Trovo in quante parti è divisa la differenza:

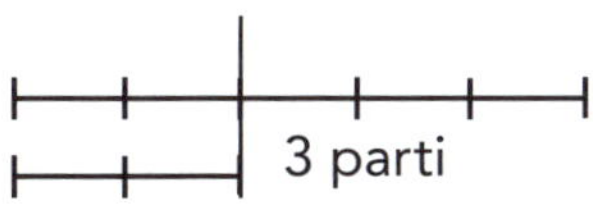

A
B

45 è diviso in 3 parti
1 parte = 45 : 3 = **15**

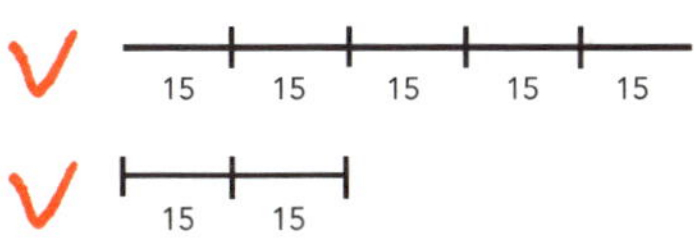

A = 15 × 5 = 75

B = 15 × 2 = 30

In questi problemi bisogna sempre trovare quanto vale una parte e bisogna partire dall'unico dato "certo", in questo caso la differenza 45.
Quindi se ho la differenza trovo in quante parti uguali è divisa.

Sommo le parti, sottraggo le parti, divido, moltiplicooooo... ma cosa ho fatto di male io per meritarmi tutto questo?

REGOLA DI RISOLUZIONE RAPIDA DEI PROBLEMI DI QUARTO TIPO

Questo problema può essere risolto molto più velocemente facendo:

$$A = \frac{45}{5-2} \times 5 = \frac{\not{45}^{15}}{\not{3}_1} \times 5 = 15 \times 5 = 75$$

A = differenza dei 2 numeri : differenza delle parti × numero delle parti del primo numero

$$B = \frac{45}{5-2} \times 2 = \frac{\not{45}^{15}}{\not{3}_1} \times 2 = 15 \times 2 = 30$$

B = differenza dei 2 numeri : differenza delle parti x numero delle parti del secondo numero

Quando conoscete A potete trovare B facendo : 75 – 45 = **30**

Vi assegno un po' di problemi, seguite le mie indicazioni e vedrete che sarà facilissimo risolverli!

ESERCIZIO 18

A Per comperare un paio di occhiali Mauro spende $\frac{2}{5}$ della paghetta ricevuta dalla mamma, se questa settimana ha ricevuto 300 € quanto ha speso Mauro per gli occhiali? Quanti soldi gli rimangono per le serate con gli amici ?

B Chiara e Nicola prenotano un albergo a Cortina per le vacanze natalizie e inviano una caparra di 1.200 € che corrispondono ai $\frac{2}{13}$ della spesa totale che dovranno sostenere. A quanto ammonta l'importo dell'intero soggiorno di Chiara e Nicola? Quanto dovranno versare ancora per saldare il conto?

Non gli conveniva a quei due lì andare in un bel alberghetto a Piode?

C Alba e Federica partono per un weekend a Varazze e mettendo insieme i loro risparmi arrivano alla dignitosa somma di 525 €. Se i soldi di Alba sono i $\frac{7}{8}$ di quelli di Federica, sapresti dire a quanto ammonta l'importo messo da ogni ragazza?

D Betta controllando il calendario dei turni di lavoro del mese di novembre trova scritto che i turni di notte da lei già effettuati sono i $\frac{3}{7}$ del totale mensile. Legge poi che da lì a fine mese le mancano ancora 8 notti di lavoro. Non convinta dell'esattezza del suo calendario vuole sapere quanti turni notturni deve effettuare in tutto nel mese e quanti ne ha già fatti, prova a fare qualche calcolo ma è troppo stanca e non riesce a capirci niente. Sapresti aiutare Betta a calcolare quante notti ha già fatto e quante sono in tutto nel mese di novembre?

QUESTIONI DI EREDITÀ

Non è un bell'argomento, ma purtroppo può sempre servire!

"Occhio, malocchio, prezzemolo e finocchio!"

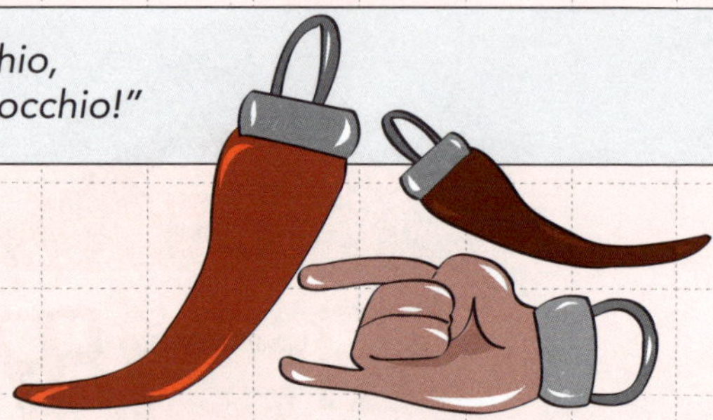

Alla morte di un coniuge (marito o moglie) l'eredità va così spartita:

RIMANGONO	PARTE SPETTANTE
A) Solo altro coniuge	Intero patrimonio
B) Altro coniuge + 1 figlio	$\frac{1}{2}$ Al coniuge $\frac{1}{2}$ al figlio
C) Altro coniuge + 2 figli	$\frac{1}{3}$ Al coniuge e $\frac{2}{3}$ ai figli (da dividersi)
D) Altro coniuge + 3 nipoti	$\frac{2}{3}$ Al coniuge e $\frac{1}{3}$ ai nipoti

? Muore il signor Rossi e lascia 372.000,00 € in eredità.

Caso A: la somma di 372.000,00 € va interamente alla moglie (altro coniuge).

Caso B: la somma viene divisa a metà $\left(\frac{1}{2}\right)$ tra moglie e figlio.

Si calcola facendo: $\cancel{372.000}^{186.000} \times \frac{1}{\cancel{2}_1} =$ **186.000,00 €**

Spetteranno cioè sia al figlio che alla moglie 186.000,00 € (la metà, cioè $\frac{1}{2}$).

Caso C: la somma viene divisa $\frac{1}{3}$ alla moglie (e $\frac{2}{3}$ ai figli da dividersi).

Si calcola facendo: $\cancel{372.000}^{124.000} \times \frac{1}{\cancel{3}_1} = 124.000,00$ €

Questa è la cifra che spetta alla moglie; se vogliamo sapere che frazione spetta a ciascun figlio facciamo:

$\frac{2}{3} : 2 = \frac{2}{3} \times \frac{1}{2} = \frac{1}{3}$ ad ogni figlio,

cioè 124.000,00 € ciascuno.

3

Caso D: la somma viene divisa $\frac{2}{3}$ al coniuge, cioè alla moglie (e $\frac{1}{3}$ ai nipoti).

Si calcola facendo: $\cancel{372.000}^{124.000} \times \frac{2}{\cancel{3}_1} = 248.000,00$ €

Questa è la cifra che spetta alla moglie; se vogliamo sapere che frazione spetta a ciascun nipote facciamo:

$\frac{1}{3} : 3 = \frac{1}{3} \times \frac{1}{3} = \frac{1}{9}$ ad ogni nipote, cioè:

$\cancel{372.000}^{41333,33} \times \frac{1}{\cancel{9}_1} = 41333,33$ € ciascuno.

? Il deceduto lascia in eredità un bene di cui possedeva solo una parte, per esempio lascia i $\frac{4}{5}$ di un terreno che possedeva con i suoi cugini. Ha come eredi la moglie e due nipoti.

Alla moglie vanno i $\frac{2}{3}$ di $\frac{4}{5}$ cioè :

$\frac{2}{3} \times \frac{4}{5} = \frac{8}{15}$ del terreno del marito.

Ai nipoti:

$\frac{1}{3} \times \frac{4}{5} = \frac{4}{15}$ e a ciascun nipote i $\frac{4}{15} : 2 = \frac{4}{15} \times \frac{1}{2}$

$\frac{2}{15}$ del terreno dello zio.

4

4.1 RAPPORTO TRA GRANDEZZE

4.1.1 Rapporto tra grandezze omogenee
4.1.2 Rapporto tra grandezze non omogenee
4.1.3 Le scale

4.2 LE PROPORZIONI

4.2.1 Calcolo del termine incognito
4.2.2 Proporzioni con le frazioni

4.3 PROPRIETÀ DELLE PROPORZIONI

4.3.1 Invertire
4.3.2 Permutare
4.3.3 Comporre
4.3.4 Scomporre

4.4 PROBLEMI CON RAPPORTI E PROPORZIONI

4.5 GRANDEZZE DIRETTAMENTE E INVERSAMENTE PROPORZIONALI

4.5.1 Problemi del tre semplice
4.5.2 Ripartizione diretta

4.6 LA PERCENTUALE

PUÒ SEMPRE SERVIRE GRADI, MIGLIA E 3×2

4.1
RAPPORTO TRA GRANDEZZE

Avete mai osservato una cartina geografica?
Sul bordo inferiore si trova una scritta simile a questa:
Scala 1 : 1.000.000
Questa scritta esprime il rapporto tra le distanze sulla carta e quelle nella realtà e ci dice che 1 centimetro sulla carta corrisponde a 1.000.000 di centimetri nella realtà cioè a 10.000 metri, cioè a 10 chilometri.

La scritta **1 : 1.000.000** può essere letta in due modi:
1 sta a 1.000.000
oppure
1 diviso 1.000.000

4

Ritorniamo per un attimo alle frazioni, quando abbiamo calcolato il valore di una frazione abbiamo fatto:

valore di $\frac{3}{4} = 3 : 4 = 0{,}75$

In pratica, abbiamo fatto corrispondere la **linea di frazione** all'operazione matematica della **divisione**. (In questo capitolo ci interessa questo aspetto delle frazioni!)

Quindi $1.000.000 = \frac{1}{1.000.000} \longrightarrow$ RAPPORTO

Il rapporto tra due grandezze può essere espresso sia con una frazione che con una divisione.

Il rapporto può esistere:

- tra grandezze omogenee,
- tra grandezze non omogenee.

4.1.1 RAPPORTO TRA GRANDEZZE OMOGENEE

Le grandezze omogenee sono grandezze dello stesso tipo, per esempio lunghezza e lunghezza (ma anche lunghezza e larghezza o altezza), peso e peso, costo e costo... Il rapporto tra questo tipo di grandezze è indicato dalla frazione dei loro valori ed è espresso senza unità di misura.

? Due segmenti misurano rispettivamente 15 cm e 6 cm, calcolate il loro rapporto.

DATI/INCOGNITE

DATI	INCOGNITE
AB = 15 cm	$\frac{AB}{CD} = ?$
CD = 6 cm	

$$\frac{AB}{CD} = \frac{\cancel{15}^{5}\ \cancel{cm}}{\cancel{6}_{2}\ \cancel{cm}} = \mathbf{\frac{5}{2}}$$

In pratica, oltre a semplificare la parte numerica, semplifichiamo le unità di misura (cm) e rimane $\frac{5}{2}$, che può essere anche espresso come 5 : 2.
Il valore di questo rapporto è dato dal risultato della divisione **5 : 2 = 2,5**.

4.1.2 RAPPORTO TRA GRANDEZZE NON OMOGENEE

Le grandezze non omogenee sono grandezze di tipo diverso, per esempio spazio e tempo, volume e peso...
Il loro rapporto è una nuova grandezza espressa con le due unità di misura.

? Una macchina percorre 120 km in 3 h.
Qual è la sua velocità?

DATI/INCOGNITE

DATI	INCOGNITE
S = 120 km	V = ?
t = 3 h	

S ⟶ SPAZIO
t ⟶ TEMPO
V ⟶ VELOCITÀ
h ⟶ ORE

La velocità è data dal rapporto tra lo spazio percorso e il tempo impiegato a percorrerlo ed è una **grandezza "derivata"** dal rapporto S/t espressa in km/h.

$$V = \frac{\cancel{120}^{40}\ \text{km}}{\cancel{3}_{1}\ \text{h}} = \mathbf{40\ km/h}$$

4

4.1.3 LE SCALE

La scala è un rapporto tra grandezze omogenee e in questo caso le grandezze sono: una lunghezza misurata su una cartina e una lunghezza misurata nella realtà.
Esistono due tipi di scale.

SCALA DI RIDUZIONE

Nelle cartine geografiche, per esempio, ma anche nelle mappe, nelle piantine, nelle carte topografiche ecc. la realtà deve essere "rimpicciolita" per poter essere rappresentata su un foglio, in questo caso troveremo indicata una scala di riduzione:

1 sta a "un certo valore"

1 : 5.000.000 — nelle scale di riduzione come primo termine del rapporto "ANTECEDENTE" troviamo sempre 1

(1 cm nel disegno corrisponde a 5.000.000 di cm nella realtà)

Hai capito Marco che cosa sono le scale?

Certo! Le salgo tutti i giorni per andare a casa!

Da come ragioni devi essere caduto spesso da quelle scale!

SCALA DI INGRANDIMENTO

Quando si devono disegnare oggetti piccoli, come per esempio particolari di parti meccaniche (viti), particolari di circuiti elettrici, particolari di parti anatomiche ecc. ecc. la realtà deve essere "ingrandita" per poter essere rappresentata su un foglio, in questo caso troveremo indicata una scala di ingrandimento:

"un certo valore" sta a 1

50 : **1** — nelle scale di ingrandimento come secondo termine del rapporto "CONSEGUENTE" troviamo sempre 1

(50 centimetri nella realtà corrispondono a 1 cm nel disegno)

4.2
LE PROPORZIONI

Partiamo subito con la definizione di proporzione:

una proporzione è l'uguaglianza di 2 rapporti.

Dovreste essere in grado di scrivere una proporzione!

Ci pensoioooooo!

$$\frac{1}{2}=\frac{3}{4}$$

1 : 2 = 3 : 4

Facilissimo, gioco da ragazzi!

Mi dispiace deluderti, ma non hai scritto una proporzione! Ricordatevi che quando si mette il segno = in matematica bisogna pensarci molto bene. Verifichiamo:

$$1 : 2 = 3 : 4$$

$$1 : 2 = \mathbf{0{,}5} \qquad 3 : 4 = \mathbf{0{,}75}$$

$$0{,}5 \neq 0{,}75$$

*≠ questo simbolo indica **"diverso"**, quindi Marco non ha scritto una proporzione!*

Dobbiamo scrivere due rapporti uguali, quindi con lo stesso valore, per esempio:

$$\frac{8}{4} = 8 : 4 = 2$$

$$\frac{10}{5} = 10 : 5 = 2$$

$$8 : 4 = 10 : 5$$

Questa sì che è una proporzione, perché è formata da due rapporti uguali.

In una proporzione distinguiamo 2 membri:

PRIMO MEMBRO

↑ ↑

8 : 4 = 10 : 5

↓ ↓

SECONDO MEMBRO

Questa proporzione viene letta: 8 sta a 4 come 10 sta a 5.

Mi sembrava troppo facile questo argomento...

PROPRIETÀ FONDAMENTALE DELLE PROPORZIONI

Vi insegno un trucchetto: in una proporzione i 2 numeri che sono scritti vicino all'uguale si chiamano **medi** e i due numeri lontani dall'uguale si chiamano **estremi**:

8 : 4 = 10 : 5

MEDI

ESTREMI

Possiamo osservare che in una proporzione:
il prodotto dei medi è uguale al prodotto degli estremi

$$4 \times 10 = 8 \times 5$$
$$40 = 40$$

Questo enunciato prende il nome di **proprietà fondamentale delle proporzioni.**
Per scrivere una proporzione: scrivete due prodotti che diano lo stesso risultato e poi li disponete in modo che due fattori siano i medi e due fattori gli estremi.

Adesso credo sia ancora più facile inventare una proporzione.
Marco, allora?

3 × 4 = **12**   6 × 2 = **12**

3 : 6 = 2 : 4

Verifica:

3 : 6 = **0,5**   2 : 4 = **0,5**

0,5 = 0,5   *Ci siamo!*

Bravissimo!!!
Se riesce Marco ce la potete fare tutti!

Grazie per il complimento, ma era un complimento?

In proporzione a te, sì!

I TERMINI DI UNA PROPORZIONE

I 4 numeri che formano una proporzione si chiamano anche termini (una proporzione è formata da 4 termini) e possono prendere il nome di **antecedenti** e **conseguenti**:

ANTECEDENTI

↑ ↑

8 : 4 = 10 : 5

↓ ↓

CONSEGUENTI

Per scrivere una proporzione: scrivete due prodotti che diano lo stesso risultato e poi li disponete in modo che due fattori siano i medi e due fattori gli estremi. Scriviamo ancora qualche proporzione:

? 6 × 7 = **42** 21 × 2 = **42**

6 : 21 = 2 : 7

(6 e 7 sono estremi; 21 e 2 sono medi)

? 5 × 9 = **45** 15 × 3 = **45**

5 : 15 = 3 : 9

(5 e 9 sono estremi; 15 e 3 sono medi)

? 17 × 8 = **136** 34 × 4 = **136**

17 : 34 = 4 : 8

(17 e 8 sono estremi; 34 e 4 sono medi)

4.2.1 CALCOLO DEL TERMINE INCOGNITO

A volte in una proporzione si conoscono solo 3 termini e si deve calcolare il valore del quarto termine detto "incognito" e indicato con la x.

8 : 4 = x : 5

IMPORTANTE:
Usiamo, in questo caso, il simbolo "·" per indicare la moltiplicazione, così da non confonderci con la x del termine incognito.

$8 : 4 = x : 5$	sappiamo che $8 \cdot 5$ deve essere uguale a $4 \cdot x$ (prodotto dei medi = prodotto degli estremi)
$4 \cdot x = 8 \cdot 5$	a sinistra metto sempre il prodotto con la x, a destra quello senza
$4 \cdot x = 40$	risolvo il prodotto $8 \cdot 5$
$x = 40 : 4 = 10$	se "4 volte x = 40" allora "1 volta x = 40 : 4"

Rifacciamo tutto in un unico passaggio:

$$8 : 4 = x : 5$$

$$x = \frac{\cancel{8}^{2} \cdot 5}{\cancel{4}_{1}} = \frac{10}{1} = 10$$

Lo vorrei anch'io un passaggio! Per favore, c'e' qualcuno che mi può portare lontano da qui?

Come mai? Tanto per cambiare non stai capendo le mie spiegazioni?

Fermi tutti! Non capisco come semplifichi!

Sì, questo è un caso di semplificazione molto usato nel calcolo del termine incognito di una proporzione, che non abbiamo ancora visto e colgo l'occasione per aprire una parentesi...

SEMPLIFICAZIONE DI UNA FRAZIONE AVENTE AL NUMERATORE (SOPRA) UN PRODOTTO E AL DENOMINATORE (SOTTO) UN NUMERO

$$\frac{\mathbf{15 \cdot 4}}{\mathbf{5}} =$$

$$\frac{\cancel{15}^{3} \cdot 4}{\cancel{5}_{1}} = \frac{12}{1} = 12$$

è possibile semplificare il numero al denominatore con uno dei fattori del numeratore

$$\frac{\mathbf{12 \cdot 15}}{\mathbf{18}} =$$

$$\frac{\cancel{12}^{2} \cdot 15}{\cancel{18}_{3}}$$

semplifico il 12 con il 18 per 6

$$\frac{\cancel{12}^{2} \cdot \cancel{15}^{5}}{\cancel{18}_{\cancel{3}_{1}}} = 10$$

poi semplifico anche 3 con 15 per 3

È possibile anche fare più semplificazioni!

IMPORTANTE:
Non usate questa semplificazione se al numeratore c'è una somma o una differenza; si può fare solo con il prodotto. Facciamo altri esercizi...

x : 6 = 18 : 12

$x \cdot 12 = 6 \cdot 18$
$x \cdot 12 = 108$
$x = 108 : 12 = 9$

in breve $x = \frac{\cancel{6}^{1} \cdot \cancel{18}^{9}}{\cancel{12}_{\cancel{2}_{1}}} = 9$

ho semplificato prima 6 e 12 per 6, poi 2 e 18 per 2

13 : x = 2 : 4

x · 2 = 4 · 13
x · 2 = 52
✓ x = 52 : 2 = 26

✓ in breve $x = \frac{13 \cdot \cancel{4}^{2}}{\cancel{2}_{1}} = 26$ ho semplificato 2 e 4 per 2

42 : 9 = x : 3

9 · x = 42 · 3
9 · x = 126
✓ x = 126 : 9 = 14

✓ in breve $x = \frac{\cancel{42}^{14} \cdot \cancel{3}^{1}}{\cancel{9}_{\cancel{3}_{1}}} = 14$ ho semplificato prima 9 e 3 per 3, poi 3 e 42 per 3

5 : 15 = 3 : x

5 · x = 15 · 3
5 · x = 45
✓ x = 45 : 5 = 9

✓ in breve $x = \frac{\cancel{15}^{3} \cdot 3}{\cancel{5}_{1}} = 9$ ho semplificato 15 e 5 per 5

Negli esercizi appena svolti abbiamo usato prima il metodo per esteso e di seguito il metodo breve.

TOVARE L'INCOGNITA DI UNA PROPORZIONE: METODO RAPIDO

Dal metodo breve possiamo dedurre una regola. Data una proporzione, per calcolare il valore della x basta fare:

1) se la x è un estremo $A : B = C : X$

$$X = \frac{\text{prodotto dei 2 medi}}{\text{estremo}} \qquad X = \frac{B \cdot C}{A}$$

2) se la x è un medio $A : X = B : C$

$$X = \frac{\text{prodotto dei 2 estremi}}{\text{medio}} \qquad X = \frac{A \cdot C}{B}$$

In parole "poverissime":

$$X = \frac{\textbf{il prodotto dei termini (medi o estremi) che ci sono tutti e due}}{\textbf{compagno della x (medio o estremo)}}$$

4.2.2 PROPORZIONI CON LE FRAZIONI

I termini di una proporzione possono essere anche delle frazioni.

$$\frac{5}{8} : \frac{15}{22} = \frac{1}{6} : \frac{2}{11}$$

Verifichiamo con i due metodi che conosciamo se questa è veramente una proporzione...

- **PRIMO METODO:**
  ESEGUIAMO LE DUE DIVISIONI E CONFRONTIAMO I RISULTATI, PER VEDERE SE IL RISULTATO È LO STESSO

$$\frac{5}{8} : \frac{12}{22} = \frac{\cancel{5}^{1}}{\cancel{8}_{4}} \times \frac{\cancel{22}^{11}}{\cancel{15}_{3}} = \frac{11}{12}$$

risultato prima divisione

$$\frac{1}{6} : \frac{2}{11} = \frac{1}{6} \times \frac{11}{2} = \frac{11}{12}$$

risultato seconda divisione

$$\mathbf{\frac{11}{12} = \frac{11}{12}}$$

abbiamo verificato che le due divisioni sono uguali

- **SECONDO METODO:**
  APPLICHIAMO LA PROPRIETÀ FONDAMENTALE DELLE PROPORZIONI (IL PRODOTTO DEGLI ESTREMI DEVE ESSERE UGUALE AL PRODOTTO DEI MEDI)

ESTREMO		MEDIO		MEDIO		ESTREMO
$\frac{5}{8}$	:	$\frac{15}{22}$	=	$\frac{1}{6}$	:	$\frac{2}{11}$

ESTREMO		ESTREMO		MEDIO		MEDIO
$\frac{5}{8}$	×	$\frac{2}{11}$	=	$\frac{15}{22}$	×	$\frac{1}{6}$

$$\frac{5}{\cancel{8}_{4}} \times \frac{\cancel{2}^{1}}{11} = \frac{\cancel{15}^{5}}{22} \times \frac{1}{\cancel{6}_{2}}$$

$$\mathbf{\frac{5}{44} = \frac{5}{44}}$$

abbiamo verificato che i due prodotti sono uguali

- **CALCOLO DEL TERMINE INCOGNITO IN UNA PROPORZIONE CON FRAZIONI**

La x si calcola come nelle proporzioni con i numeri interi, il calcolo con le frazioni richiede qualche "capovolgimento".

4

$$\mathbf{\frac{8}{14} : \frac{2}{40} = x : \frac{42}{128}}$$

IMPORTANTE:
Usiamo, ancora una volta, il simbolo "·" per indicare la moltiplicazione, così da non confonderci con la x di termine incognito.

$$x = \frac{\dfrac{8}{14} \cdot \dfrac{42}{128}}{\dfrac{2}{40}}$$

ricordatevi che la linea di frazione corrisponde all'operazione del diviso; in questo caso, la linea di frazione che consideriamo "diviso" è quella lunga

Trascriviamo le operazioni mettendo ":" al posto della linea.

$$x = \frac{8}{14} \cdot \frac{42}{128} : \frac{2}{40} =$$

Ora vi consiglio di trasformare subito il "diviso" in "per" capovolgendo l'ultima frazione così, se i numeri lo consentono, abbiamo più possibilità di semplificare.

$$x = \frac{\cancel{8}^{\cancel{4}^{1}}}{\cancel{14}_{1}} \cdot \frac{\cancel{42}^{3}}{\cancel{128}_{\cancel{32}_{4}}} \cdot \frac{\cancel{40}^{5}}{\cancel{2}_{1}} = \mathbf{\frac{15}{4}}$$

È meno complicato di quanto possa sembrare. Vi faccio un altro esempio:

$$\mathbf{x : \frac{2}{3} = \frac{17}{3} : \frac{34}{5}}$$

$$x = \frac{\dfrac{2}{3} \cdot \dfrac{17}{3}}{\dfrac{34}{5}} = \frac{2}{3} \cdot \frac{17}{3} : \frac{34}{5} = \frac{\cancel{2}^{1}}{3} \cdot \frac{\cancel{17}^{1}}{3} \cdot \frac{5}{\cancel{34}_{\cancel{2}_{1}}} = \mathbf{\frac{5}{9}}$$

Quando sarete più esperti potrete direttamente fare:

$$x = \frac{2}{3} \cdot \frac{17}{3} \cdot \frac{5}{34}$$

Salterete così il passaggio della divisione.
Vale sempre la regola vista prima, con una piccola modifica:

Se la x è un estremo: prodotto dei 2 medi per l'inverso dell'altro estremo (si capovolge)

Se la x è un medio: prodotto dei 2 estremi per l'inverso dell'altro medio (si capovolge)

Provate da soli a fare gli esercizi e, applicando la proprietà fondamentale delle proporzioni, verificate che quelle che seguono sono proporzioni.

ESERCIZIO 19

A $3:4 = 6:8$

B $21:5 = 7:9$

C $\frac{3}{4}:\frac{27}{42} = \frac{49}{90}:\frac{7}{15}$

D $2:\frac{34}{77} = \frac{7}{2}:\frac{17}{22}$

E $\frac{4}{13}:\frac{25}{9} = \frac{18}{55}:\frac{26}{5}$

F $\frac{5}{33}:\frac{14}{11} = \frac{1}{18}:\frac{7}{15}$

Calcolate il valore del termine incognito (x) nelle seguenti proporzioni:

ESERCIZIO 20

A $15:2 = x:6$

B $x:26 = 3:13$

C $\frac{1}{2}:x = \frac{25}{16}:\frac{5}{4}$

D $\frac{45}{26}:\frac{44}{27} = \frac{9}{11}:x$

E $3:\frac{66}{55} = x:\frac{7}{11}$

F $\frac{5}{24}:\frac{14}{3} = x:\frac{7}{6}$

4.3
PROPRIETÀ DELLE PROPORZIONI

Analizziamo abbastanza velocemente le proprietà delle proporzioni. Abbiamo già visto la proprietà fondamentale delle proporzioni, quindi ora vediamo la proprietà dell'invertire, proprietà del permutare, proprietà del comporre e proprietà dello scomporre.

4.3.1 INVERTIRE

Ripassiamo i termini di una proporzione:

ANTECEDENTI

$$14 : 7 = 34 : 17$$

CONSEGUENTI

il primo termine di ogni membro prende il nome di **antecedente**; il secondo termine di ogni membro prende il nome di **conseguente**.

In una proporzione possiamo scambiare tra loro antecedente con conseguente (**invertire**) in ogni membro e otteniamo ancora una proporzione:

$$7 : 14 = 17 : 34$$

(Verifichiamo applicando la proprietà fondamentale se quella ottenuta è una proporzione:
7 x 34 deve essere uguale a 14 x 17, e infatti 238 = 238!)

4.3.2 PERMUTARE

Consideriamo ancora la proporzione di prima.

$$14 : 7 = 34 : 17$$

Data una proporzione possiamo distinguere due casi:

Primo caso: permutare gli estremi

$$17 : 7 = 34 : 14$$

Secondo caso: permutare i medi

$$14 : 34 = 7 : 17$$

In una proporzione possiamo scambiare tra loro gli estremi (**permutare primo caso**) e otteniamo ancora una proporzione; ma possiamo anche scambiare tra loro i medi (**permutare secondo caso**) e otteniamo ancora una proporzione.

4.3.3 COMPORRE

Data la "solita" proporzione

$$\mathbf{14 : 7 = 34 : 17}$$

possiamo fare:

A. $(14 + 7) : 14 = (34 + 17) : 34$
$21 : 14 = 51 : 34$

B. $(14 + 7) : 7 = (34 + 17) : 17$
$21 : 7 = 51 : 17$

A. Possiamo fare nei due membri: (antecedente + conseguente) sta all'antecedente come (antecedente + conseguente) sta all'antecedente e otteniamo ancora una proporzione;
B. Possiamo anche dire che (antecedente + conseguente) sta al conseguente come (antecedente + conseguente) sta al conseguente e otteniamo ancora una proporzione.

4.3.4 SCOMPORRE

Questa proprietà può essere applicata solo quando **l'antecedente è maggiore del conseguente**. Guardate perché, partendo ancora dalla nostra proporzione:

$$14 : 7 = 34 : 17$$

Come prima cosa, dobbiamo fare 14 (antecedente) – 7 (conseguente) e se avessimo l'antecedente più piccolo del conseguente non potremmo farlo. A questo punto possiamo fare:

possiamo fare:

A. $(14 - 7) : 14 = (34 - 17) : 34$
$7 : 14 = 17 : 34$

B. $(14 - 7) : 7 = (34 - 17) : 17$
$7 : 7 = 17 : 17$

A. In una proporzione possiamo dire che (antecedente – conseguente) sta all'antecedente come (antecedente – conseguente) sta all'antecedente e otteniamo ancora una proporzione;
B. Possiamo anche dire che (antecedente – conseguente sta al conseguente come (antecedente – conseguente) sta al conseguente e otteniamo ancora una proporzione.

Facciamo qualche esercizio per rinfrancarci, così quando dovremo usare le proprietà nei problemi non avremo difficoltà!

? Data la seguente proporzione applicate la proprietà dell'invertire e verificate che quella ottenuta sia una proporzione.

$$12 : 75 = 4 : 25$$

Applico la proprietà dell'invertire (metto 75 al posto di 12 e 12 al posto di 75 nel primo membro e metto 25 al posto di 4 e 4 al posto di 25 nel secondo membro):

$$75 : 12 = 25 : 4$$

Verifica:

$75 \times 4 = 12 \times 25$
300 = 300 OK!

? Data la seguente proporzione applicate la proprietà del permutare i medi e verificate che quella ottenuta sia una proporzione.

12 : **75** = **4** : 25

Applico la proprietà del permutare i medi (metto 4 al posto di 75 e 75 al posto di 4):

12 : 4 = 75 : 25

Verifica (la verifica è sempre la stessa, bisogna vedere se il prodotto dei medi è uguale a quello degli estremi in questa nuova proporzione):

$12 \times 25 = 4 \times 75$
300 = 300 OK!

? Data la seguente proporzione applicate la proprietà del permutare gli estremi e verificate che quella ottenuta sia una proporzione.

12 : 75 = 4 : **25**

Applico la proprietà del permutare gli estremi (metto 25 al posto di 12 e 12 al posto di 25):

25 : 75 = 4 : 12

Verifica:

$25 \times 12 = 75 \times 4$
300 = 300 OK!

? Data la seguente proporzione applicate la proprietà del comporre nei due modi e verificate che quelle ottenute siano proporzioni.

$$\mathbf{12} : 75 = \mathbf{4} : 25$$

Primo caso: applico la proprietà del comporre e faccio "sta all'antecedente".

$$(12 + 75) : 12 = (4 + 25) : 4$$
$$87 : 12 = 29 : 4$$

Verifica:

$$87 \times 4 = 12 \times 29$$
$$\mathbf{348 = 348} \qquad \text{OK!}$$

Secondo caso: applico la proprietà del comporre e faccio "sta al conseguente".

$$(12 + 75) : 75 = (4 + 25) : 25$$
$$87 : 75 = 29 : 25$$

Verifica:

$$87 \times 25 = 75 \times 29$$
$$\mathbf{2.175 = 2.175} \qquad \text{OK!}$$

? Data la seguente proporzione applicate la proprietà dello scomporre nei due modi e verificate che quelle ottenute siano proporzioni.

$$\mathbf{90} : 15 = \mathbf{42} : 7$$

Primo caso: applico la proprietà dello scomporre e faccio "sta all'antecedente".

$$(90 - 15) : 90 = (42 - 7) : 42$$
$$75 : 90 = 35 : 42$$

Verifica:

$$75 \times 42 = 90 \times 35$$
$$\mathbf{3.150 = 3.150} \qquad \text{OK!}$$

Secondo caso: applico la proprietà dello scomporre e faccio “sta al conseguente”.

$$(90 - 15) : 15 = (42 - 7) : 7$$
$$75 : 15 = 35 : 7$$

Verifica:

$$75 \times 7 = 15 \times 35$$
$$\mathbf{525 = 525} \qquad \text{OK!}$$

Ma questa sembra quasi magia: da 4 numeri quante proporzioni ottieni?

Ah! Ci sei ancora, quando non ti sento mi preoccupo! Sai che non hai detto una scemata... e mi hai fatto venire in mente un giochetto?!!

Guardate con una proporzione, applicando le proprietà, quante nuove proporzioni possiamo ottenere:

48 : 8 = 72 : 12

P.I	8 : 48 = 12 : 72
$P.P_E$	72 : 48 = 12 : 8
P.I	48 : 72 = 8 : 12
$P.P_E$	12 : 72 = 8 : 48
P.I	72 : 12 = 48 : 8
$P.P_E$	8 : 12 = 48 : 72
P. I	12 : 8 = 72 : 48
$P.P_E$	**48 : 8 = 72 : 12**

Data una proporzione, alternando la proprietà dell'invertire a quella del permutare (io ho scelto gli estremi ma si può fare anche con i medi) si ottengono ben altre 7 proporzioni prima di arrivare, cioè "tornare" a quella data.
Bello, vero?!!

Bellissimo, farò sempre questo gioco adesso che l'ho imparato!

Ma sei sicuro di aver capito?

Certo: data un'inversione, la proprietaria della permuta si inverte alla data del 7!

Ok, non ti muovere che chiamo l'ambulanza!

Provate da soli ad applicare le proprietà delle proporzioni.

ESERCIZIO 21

A Applicate la proprietà dell'invertire nella seguente proporzione: 78 : 6 = 39 : 3

B Applicate la proprietà del permutare gli estremi nella seguente proporzione: 78 : 6 = 39 : 3

C Applicate la proprietà del permutare i medi nella seguente proporzione: 78 : 6 = 39 : 3

D Applicate la proprietà del comporre nella seguente proporzione nei due modi studiati (sta all'antecedente e sta al conseguente): 78 : 6 = 39 : 3

E Applicate la proprietà dello scomporre nella seguente proporzione nei due modi studiati (sta all'antecedente e sta al conseguente): 78 : 6 = 39 : 3

F Divertitevi con il "giochino": data la proporzione 9 : 105 = 15 : 175 ricavate tutte le proporzioni possibili, alternando la proprietà dell'invertire a quella del permutare i medi.

4.4 PROBLEMI CON RAPPORTI E PROPORZIONI

Le proporzioni ci aiutano a risolvere molti problemi, pensate per esempio alle ricette di cucina: se le dosi vengono date per 6 persone e noi dobbiamo mettere a tavola 8 persone possiamo, con l'uso delle proporzioni, trasformare le quantità degli ingredienti per il numero richiesto.

Elena, le ricette mi fanno venire in mente una proporzione, posso fartela vedere?

Ma certo, ben volentieri!

TU : AI GRANDI MATEMATICI = BENEDETTA PARODI : AI GRANDI CHEF

Sì, può essere una proporzione, ma ti faccio notare che le ricette dei grandi chef sono difficili da mettere in pratica e in pochi riescono a eseguirle, mentre con le ricette di Benedetta cuciniamo tutti!

Speriamo che questa volta si mangi qualcosa anche se, dopo la torta e le caramelle, ho i miei dubbi...

Adesso, per rimanere in tema, vi svelo il segreto dei miei biscottini.

Ricetta per 6 persone:
200 g di farina
150 g di burro
70 g di zucchero a velo
1 tuorlo d'uovo
1 bustina di vanillina (0,5 g)
... Io non metto la scorza di limone ma potrebbe starci...

Disponete la farina con la vanillina a fontana sul piano di lavoro e, al centro, mettete il burro a temperatura ambiente, lo zucchero a velo e il tuorlo d'uovo.

Impastate tutti gli ingredienti e quando l'impasto avrà una certa consistenza formate dei cilindri di pasta del diametro di 1 cm e lunghi 4 cm.

Ora formate dei cornetti, quindi schiacciate la parte centrale del cilindro e cercate di affusolare le estremità.

Disponete i biscotti sulla teglia da forno ricoperta di carta da forno e metteteli in forno preriscaldato a una temperatura di 180 °C.

Curate la cottura sbirciando dal vetro, indicativamente dovrebbero bastare 10–12 minuti. I biscotti devono essere dorati, quindi lasciateli raffreddare e poi spolverateli di zucchero a velo.

E poi dite: «cotto e misurato!».

E, finalmente, posso mangiare tutti i biscotti... Menomale! Avevo una fame che mi sarei mangiato anche la teglia!

? Adesso proviamo a trasformare le dosi dei biscotti da 6 a 8 persone con le proporzioni.

Farina (200 g per 6 persone)

$$200 : x = 6 : 8$$

$$x = \frac{200 \cdot \cancel{8}^{4}}{\cancel{6}_{3}} = \frac{800}{3} = 800 : 3 = 266{,}66$$ **(arrotondiamo a 267 g per 8 persone)**

Dato che il 3 non è più semplificabile lo lascio al denominatore (sotto) e, per ottenere il valore cercato, eseguo la divisione, perché mi ricordo che linea di frazione vuol dire...

... diviso!

OK, ci sei!

Burro (150 g per 6 persone)

$$150 : x = 6 : 8$$

$$x = \frac{\cancel{150}^{50} \cdot \cancel{8}^{4}}{\cancel{6}_{\cancel{3}_{1}}} = 200$$ (**200 g per 8 persone)**

Zucchero (70 g per 6 persone)

$$70 : x = 6 : 8$$

$$x = \frac{70 \cdot \cancel{8}^{4}}{\cancel{6}_{3}} = \frac{280}{3} = 93{,}33$$ **(93 g per 8 persone)**

Vanillina (0,5 g per 6 persone)

$$0{,}5 : x = 6 : 8$$

$$x = \frac{0{,}5 \cdot \cancel{8}^{4}}{\cancel{6}_{3}} = 0{,}66 \text{ g}$$ **(0,7 g per 8 persone)**

Per il **tuorlo d'uovo...**
indicativamente mettetene 1 + un po' di un altro...

Gli arrotondamenti li dovete fare anche perché le bilance di casa difficilmente riescono a misurare decigrammi e centigrammi!

Scusa, non vorrei dire una cavolata, ma in tutte queste proporzioni hai sempre moltiplicato per 8 e diviso per 6: non possiamo quindi moltiplicare ogni ingrediente per $\frac{8}{6}$?

Oggi c'è un sole splendente, ma dovrò prendere ugualmente l'ombrello e ritirare la macchina: pioverà, forse grandinerà!

Certo Marco,
$\frac{8}{6}$ è il rapporto
per il quale
dobbiamo
moltiplicare
ogni dose
della ricetta
per 6 persone,
così da trasformarla
in una dose
per 8 persone, anzi:

$$\frac{\cancel{8}^{4}}{\cancel{6}_{3}} = \frac{4}{3}$$

Stai migliorando!
E se migliori tu ho buone speranze
per tutti quelli che mi stanno seguendo.

L'ho detto solo per avere ancora qualche biscottino di premio!

Son finiti...

Lo sapevo!

Ci sei rimasto male?

Almeno per $\frac{8}{6}$!

COME IMPOSTARE UNA SERIE DI PROPORZIONI

Un suggerimento è quello di impostare la prima proporzione, individuare il rapporto e semplificarlo (nel caso precedente $\frac{4}{3}$) e moltiplicare gli altri valori per questo rapporto, così da non dover impostare tutte le proporzioni...

PROBLEMI SUL CONFRONTO DEI PREZZI

? Marco deve acquistare una scatoletta di tonno e il negoziante gli chiede: «Vuole la confezione da 160 g a 1,75 € o quella da 190 g a 2,15 €? Marco non è in grado di scegliere e chiede a noi un aiuto. Quale confezione converrà acquistare a Marco?

A me il tonno piace molto! Non c'è la confezione da un chilo?

Se la tua intelligenza fosse anche solo un decimo del tuo appetito saresti un genio insuperabile!

Come il tonno?

Grrrrrr!!!

DATI/INCOGNITE

DATI	INCOGNITE
160 g = peso scatola 1 tonno	scatola più conveniente = ?
1,75 € = costo scat. 1	
190 g = peso scat. 2 tonno	
2,15 € = costo scat. 2	

RISOLVO:

Risolviamo partendo come sempre dalla tabella dei dati, dando un numero alle scatole di tonno: 1 e 2, in modo da distinguerle. Come spesso accade, possiamo risolvere questo problema in diversi modi. Proviamo con questo:
impostiamo la proporzione per trovare quanto costerebbero 190 g di tonno del tipo 1.

$$160 : 1{,}75 = 190 : x$$

$$x = \frac{1{,}75 \cdot 190}{160} = 2{,}07\,€$$

Se acquistasse 190 g di tonno del tipo 1 Marco spenderebbe 2,07 €, cioè meno che per 190 g del tipo 2, che costano 2,15 €. **La confezione più conveniente è quindi quella del tipo 1.**

Sì, ma io mi sarei comprato la confezione da un chilo senza fare tutti questi calcoli!!!

Andiamo avanti e vediamo altri problemi...

? Una confezione di marmellata di lamponi da 450 g costa 3,80 €, mentre una confezione di marmellata di mirtilli da 375 g costa 2,70 €. Quale è più conveniente?

DATI/INCOGNITE

DATI	INCOGNITE
450 g = marmellata lamponi	confezione più conveniente?
3,80 € = costo m. lamponi	
375 g = m. mirtilli	
2,70 € = costo m. mirtilli	

RISOLVO:

Questo problema è simile al precedente, ma questa volta lo risolviamo con un rapporto invece che con una proporzione, e distinguiamo due casi.

Primo caso: calcoliamo il rapporto quantità/prezzo che indica quanti g acquisto con 1 €.

M. lamponi $\frac{450}{3,80} = 118,42$ g acquistabili con 1 €

M. mirtilli $\frac{375}{2,70} = 138,88$ g acquistabili con 1 €

Notiamo che la marmellata più conveniente è quella di mirtilli, perché con 1 € ne acquistiamo di più.

Secondo caso: calcoliamo il rapporto prezzo/quantità che indica quanto costa 1 g di marmellata.

M. lamponi $\frac{3,80}{450} = 0,008$ € costo di 1 g

M. mirtilli $\frac{2,70}{375} = 0,007$ € costo di 1 g

Anche con questo metodo **la marmellata più conveniente è quella di mirtilli**, perché ha un costo al grammo inferiore.

PROBLEMI SULLE SCALE

Già faccio fatica a risolverli sul tavolo: pensa se mi devo anche mettere sulle scale! Questa esagera!!!

? Sulla pianta di una città è indicata la scala 1: 10.000. La distanza tra un punto di via Roma e un punto di corso Torino misurata con un righello è di 20 cm. A quanti km nella realtà corrisponde questa distanza ?

RISOLVO:

Impostiamo la proporzione: **pianta sta a realtà** nel primo membro, come **pianta sta a realtà** nel secondo membro.

$$1 : 10.000 = 20 : x$$

$$x = \frac{10.000 \cdot 20}{1} = 200.000 \text{ cm}$$

Facciamo l'equivalenza e trasformiamo i cm in km:
200.000 cm = 2 km

? Qual è la scala di una carta geografica se la distanza tra 2 città è di 2,5 cm e nella realtà è di 125 km?

RISOLVO:
Trasformiamo i km in cm, facendo un'equivalenza e poi impostiamo la proporzione.

125 km = 12.500.000 cm

$$2{,}5 : 12.500.000 = 1 : x$$

$$x = \frac{12.500.000 \cdot 1}{2{,}5} = 5.000.000$$ **la scala è 1 : 5.000.000**

Per continuare l'argomento "problemi con le proporzioni!" devo fare un breve cenno a un altro argomento molto importante nel mondo matematico, che fornisce le basi per lo studio di parecchie discipline come la Statistica, si tratta della "proporzionalità"! Prima di iniziare, però, fate degli esercizi da soli, per vedere se avete capito quello che vi ho appena spiegato.

ESERCIZIO 22

A Per fare una torta per 3 persone ci vogliono 180 g di farina. Quanti g di farina sono necessari per fare una torta per 5 persone?

B Se per cucinare un arrosto per 6 persone ho comprato 1.200 g di carne, quanti kg di carne devo comprare per 11 persone?

C Una confezione di mozzarella fiordilatte di 250 g del tipo A costa 1,95 €, mentre un'altra confezione di 350 g del tipo B costa 2,93 €. Quale delle due è più conveniente acquistare? Tipo A o tipo B?

D Su una carta stradale in scala 1:250.000 due città distano 15 cm. Qual è la loro distanza reale?

E Calcolate i rapporti prezzo/quantità e quantità/prezzo dei seguenti prodotti: 1°- 400 g di spinaci a 1,49 €; 2°- 600 g di spinaci a 2,49 €. Cosa indica il rapporto 1 e cosa indica il rapporto 2? Quale dei 2 prodotti è più conveniente?

4.5 GRANDEZZE DIRETTAMENTE E INVERSAMENTE PROPORZIONALI

Niente premesse, entriamo direttamente nel vivo...

GRANDEZZE DIRETTAMENTE PROPORZIONALI

Due grandezze sono direttamente proporzionali quando all'aumentare di una aumenta anche l'altra secondo un numero detto costante di proporzionalità.
Riprendiamo ancora le grandezze viste prima e consideriamo questa volta la formula che ci permette di trovare lo spazio percorso in un dato tempo a una certa velocità.

$$S = V \cdot t$$

Lo spazio percorso si ottiene moltiplicando la velocità con cui si percorre per il tempo impiegato a percorrerlo.

Se mantengo costante la velocità (per esempio vado per tutto il percorso a 30 km/h) posso calcolare come varia lo spazio aumentando il tempo:

$$S = V \cdot t$$

dopo 1 h	$S = 30 \cdot 1 = 30$ km	(sostituisco a t il valore 1)
dopo 2 h	$S = 30 \cdot 2 = 60$ km	(sostituisco a t il valore 2)
dopo 3 h	$S = 30 \cdot 3 = 90$ km	(sostituisco a t il valore 3)

ecc.

Tenendo costante la velocità (costante di proporzionalità) potremo dire che: più tempo passa e più spazio avrò percorso. All'aumentare di t aumenta anche S secondo una costante (in questo esempio 30).

Certo che se vai così piano ce ne metti di tempo! Io 30 km li faccio in 10 minuti!!!

Ah! Bravo! Allora dimmi a quale velocità li percorri?

Boh! Aspetta che guardo... me l'hanno mandata a casa!

C'è anche una fotografia?

Sì, sì! Ma come fai a saperlo? Guarda, sono anche venuto benissimo!

A che velocità andava Marco?
La calcoliamo con una proporzione:

$$30 : 10 = x : 60$$

$$V : t\,(\text{min.}) = V : t\,(\text{min.})$$

Ho espresso 1 h come 60 min. perché nella proporzione devo usare sempre le stesse unità di misura.

$$x = \frac{\cancel{30}^{3} \cdot 60}{\cancel{10}_{1}} = \mathbf{180\ Km/h}$$

GRANDEZZE INVERSAMENTE PROPORZIONALI

Che cosa vuol dire "inversamente proporzionale"?

Due grandezze sono inversamente proporzionali quando all'aumentare di una l'altra diminuisce secondo una costante di proporzionalità.
Per esempio, la tua stupidità è inversamente proporzionale alla tua intelligenza! Hai capito adesso?

Sì... ma avrei preferito non capire...

Vediamo un'altra formula sempre con le stesse grandezze.

Questa volta teniamo costante lo spazio e vediamo come variano velocità e tempo.

$$t = \frac{S}{V}$$

Dobbiamo per esempio percorrere 80 km: vediamo come cambia il tempo di percorrenza se aumento la velocità.

- $V = 100$ km/h $\quad t = \frac{80}{100} = 0{,}8$ h $= 48$ min.

Per avere i minuti, basta moltiplicare le ore per 60, cioè per i minuti contenuti in un'ora (0,8 x 60 = 48 min.).

- $V = 120$ km/h $\quad t = \frac{80}{120} = 0{,}6$ h $= 36$ min.

- $V = 140$ km/h $\quad t = \frac{80}{140} = 0{,}5$ h $= 30$ min.

Tenendo costante lo spazio (costante di proporzionalità) potremo dire che: più veloci andiamo e meno tempo impieghiamo.
All'aumentare di V diminuisce t secondo una costante (in questo esempio 80).

4.5.1 PROBLEMI DEL TRE SEMPLICE

Tutti i problemi riguardanti grandezze direttamente o inversamente proporzionali nei quali sono noti tre valori e si deve ricercarne il quarto (incognita x) sono detti **problemi del tre semplice**.

Facciamo un esempio e vediamo come risolverli.

? La signora Margherita ha acquistato una asciugatrice dell'importo di 1.062 € e ha deciso di pagarla in 12 rate senza interessi da 88,50 €.
Tornata a casa pensa che forse sarebbe meglio aumentare il numero di rate, così ogni mese potrebbe fare anche altre spesucce con i soldi risparmiati e ritorna al negozio per passare a un pagamento in 18 rate.
Quanto dovrà pagare la signora Margherita mensilmente con questa nuova rateizzazione?

Facciamo una tabella a 2 colonne:

n° rate	importo rate
12	88,50 €
18	x

Nella tabella abbiamo indicato i dati raggruppandoli per categoria (N° rate e Importo rate).
Ora dobbiamo fare un ragionamento: se aumenta il numero di rate, l'importo per rata aumenterà o diminuirà?
Ovvio che l'importo diminuirà! (Margherita vuole spendere meno ogni mese per poter fare altre spesucce...)

più rate ⟶ minore importo

Le grandezze sono **inversamente proporzionali**.
Ora, nella nostra tabella dobbiamo disporre due frecce, io consiglio di mettere sempre la prima freccia nella colonna della x, con il verso che va dalla x al numero:

n° rate	importo rate
12	88,50 € ↑
18	x

Ma dopo che ho messo la freccia devo girare?

Sì... molto al largo da me...

La seconda freccia dobbiamo metterla dopo aver fatto un ragionamento.

Primo caso: se le grandezze sono direttamente proporzionali metteremo la freccia nella seconda colonna con lo stesso verso che ha nella prima.
Secondo caso: se le grandezze sono inversamente proporzionali metteremo la freccia nella seconda colonna con verso opposto rispetto a quella della prima.

Nel nostro caso le grandezze sono **inversamente proporzionali**, quindi metteremo la seconda freccia con verso opposto rispetto alla prima:

n° rate	importo rate
12 ↓	88,50 € ↑
18	x

Non ci resta che impostare la proporzione seguendo il verso indicato dalle frecce (potete partire sia dalla prima che dalla seconda colonna):

$$12 : 18 = 88{,}50 : x$$

$$x = \frac{\cancel{12}^{2} \cdot \cancel{88{,}50}^{29{,}5}}{\cancel{18}_{\cancel{3}_{1}}} = \textbf{59 €}$$ **spesa nuova rateizzazione**

In questo esempio abbiamo immaginato una rateizzazione senza interessi, nella realtà accade poche volte!

Cerchiamo di capire l'utilità di questo metodo, analizzando l'errore su cui saremmo potuti incorrere se non avessimo fatto il ragionamento associato alla tabella, con l'uso delle frecce. Avremmo potuto fare:

$$12 : 18 = 88,50 : x$$

$$x = \frac{18 \cdot 88,50}{12} = \mathbf{132,75} \quad \textbf{errore}$$

Sapete perché avremmo potuto fare questo errore?
Perché avremmo fatto corrispondere grandezze analoghe: 12 rate sta a 18 rate come l'importo della prima sta all'importo della seconda. E nel caso delle grandezze inversamente proporzionali non funziona così!

? Martina deve fare il bagno e pensa di fare una cosa veloce per poter poi scendere in cortile a giocare con le amiche. Decide di riempire la vasca e ricorda di aver letto sulle istruzioni del rubinetto che ad apertura completa esso eroga 18 litri in 6 minuti e così senza esitazioni calcola 6 minuti esatti e chiude il rubinetto. Nel frattempo, la mamma di Martina, sapendo quanto la figlia ami lavarsi "a secco", sbircia in bagno e obbliga la figlia ad alzare il livello dell'acqua rispetto a quello da lei scelto di almeno 30 litri. Quanto tempo impiegherà ora Martina a riempire la vasca?

Posso fare una domanda?

Dimmi...

Ma poi Martina per asciugarsi si fa prestare l'asciugatrice dalla signora Margherita?

Perché non ti fai prestare un cervello tu?

Facciamo la tabella a 2 colonne:

litri acqua	tempo
18 ℓ	6 min.
18 + 30 = 48 ℓ	x

Inseriamo i dati nella tabella eseguendo l'operazione per calcolare il nuovo livello dell'acqua (18 + 30).
Posizioniamo le frecce dopo aver fatto il ragionamento: se aumento il livello dell'acqua nella vasca, il rubinetto impiegherà più tempo o meno tempo a versarla?

Naturalmente impiegherà più tempo quindi:

più acqua ⟶ più tempo

Le grandezze sono **direttamente proporzionali**.

Metteremo le frecce con lo stesso verso:

litri acqua	tempo
18 ℓ ↑	6 min. ↑
18 + 30 = 48 ℓ	x

Ora impostiamo la proporzione:

$$x : 6 = 48 : 18$$

$$x = \frac{\cancel{6}^{1} \cdot \cancel{48}^{16}}{\cancel{18}_{\cancel{3}_{1}}} = \mathbf{16}$$ **min. (t. impiegato dal rubinetto per erogare 48 ℓ)**

? Le 8 amiche del cuore di Federica decidono di farle insieme il regalo di laurea e optano per una borsa di Chanel molto classica, data l'età della festeggiata, precisamente per il modello 2.55 media.

Curiosità: il nome 2.55 sta a indicare il mese e l'anno di nascita della borsa, cioè febbraio 1955. La borsa è stata creata da Mademoiselle Coco Chanel.

Che notizia sensazionale! Corro al bar a raccontarla agli amici...

Sì, ma non bere, perché dici già abbastanza stupidate così!

La spesa che dovranno sostenere sarà di 212,70 € a testa. All'ultimo momento vogliono partecipare al regalo altre 4 amiche venute a conoscenza in ritardo dell'evento. A quanto ammonterà la singola quota dopo l'aggiunta delle nuove partecipanti?

n° amiche	quota/a testa
8	212,70 €
8 + 4 = 12	x

Passiamo direttamente al ragionamento:

più amiche ⟶ minore importo quota

Le grandezze sono **inversamente proporzionali**. Metteremo le frecce con verso opposto:

n° amiche		quota/a testa	
8	↓	212,70 €	↑
8 + 4 = 12		x	

Ora impostiamo la proporzione:

$$x : 212,70 = 8 : 12$$

$$x = \frac{\cancel{212,70}^{\,70,9} \cdot \cancel{8}^{\,2}}{\cancel{12}_{\cancel{3}_{1}}} = \mathbf{141,80\ €}$$ **quota a testa dopo aggiunta amiche**

IMPORTANTE:
Nei problemi del tre semplice è sufficiente un'unica tabella. Negli esempi sopra riportati sono state inserite più tabelle per poter spiegare meglio ogni passaggio.

? Marco decide di pavimentare il garage dove tiene le sue macchine sportive, e le sue moto da corsa! Occorrono 300 piastrelle rettangolari le cui dimensioni sono di 50x30 cm color giallo olio bruciato. Ripensandoci bene e consultando sua sorella Marco, liberamente costretto, decide di cambiare il colore delle piastrelle perché potrebbero stufarlo e opta per una piastrella grigia, effetto cemento, molto alla moda, usata per pavimentare i "loft" londinesi le cui dimensioni sono 100x50 cm. Quante piastrelle del nuovo modello occorreranno a Marco per pavimentare il garage?

Sì ma cosa spendo?
Poi le mie macchine un filo d'olio lo perdono sempre, 'sto loft regge lo sporco? ... Ho già capito come andrà a finire!

Ora potete capire la proporzionalità tra ignoranza e simpatia di Marco, a cui abbiamo già accennato nel capitolo...

In questo problema consiglio di calcolare l'area di ogni piastrella prima di impostare la tabella, poiché le piastrelle devono ricoprire la stessa area..

L'AREA DEL RETTANGOLO

L'area di un rettangolo si ottiene moltiplicando
BASE x ALTEZZA.

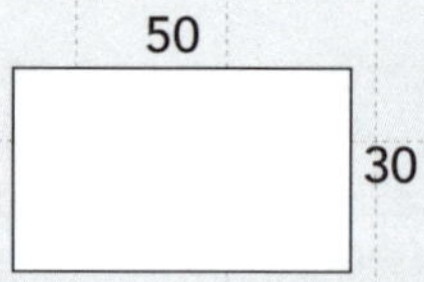

Se la base del rettangolo è 50 cm
e la sua altezza è 30 cm:

Area = base x altezza = 50 x 30 = 1.500 cm^2
area piastrelle giallo olio bruciato

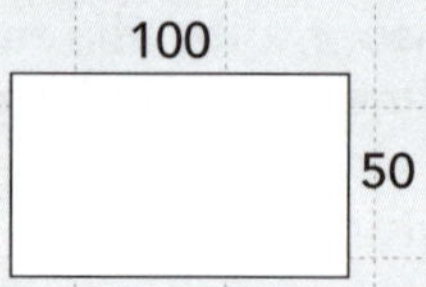

Se la base del rettangolo
è 100 cm e la sua altezza è 50 cm:

Area = base x altezza = 100 x 50 = 5.000 cm^2
area piastrelle grigio cemento

Ora che abbiamo calcolato l'area di entrambe le piastrelle:

area maggiore ⟶ minore numero di piastrelle

Le grandezze sono **inversamente proporzionali**.

area piastrelle	n° piastr.
1.500 cm^2 ↓	300 ↑
5.000 cm^2	x

$$x : 300 = 1.500 : 5.000$$

$$x = \frac{300^{3} \cdot 1.500^{30}}{5.000_{50}} = \mathbf{90}$$ **piastrelle grigio cemento necessarie**

IMPORTANTE:
Nei problemi del tre semplice più complicati, spesso è necessario fare dei calcoli per poter ricavare i dati che andranno inseriti nella tabella.

4

? Un rubinetto impiega 9 minuti per riempire un recipiente da 192 dl. Quanto tempo impiegherà a riempire un recipiente da 64 l?

Prima di inserire i dati nella tabella dobbiamo fare l'equivalenza, trasformare cioè i decilitri in litri perché **le unità di misura devono essere le stesse**.

SCALA PER TRASFORMARE LE MISURE DI CAPACITÀ

Kl hl dal l dl cl ml

Da decilitri (dl) a litri (l) bisogna spostarsi di una posizione a sinistra e, nel nostro caso, mettere la virgola: 192 dl = 19,2 l

Se avessimo avuto un valore che terminava per zero:

840 dl = 84,0 l = 84 l

Ora disponiamo i dati nella tabella:
maggiore capacità del recipiente ⟶ più tempo impieghiamo

Le grandezze sono **direttamente proporzionali**.

capacità recipiente	tempo
19,2 ℓ ↑	9 min. ↑
64 ℓ	x

$$x : 9 = 64 : 19{,}2$$

$$x = \frac{\cancel{9}^{30} \cdot \cancel{64}^{\cancel{8}^{1}}}{\cancel{19{,}2}_{\cancel{2{,}4}_{\cancel{0{,}3}_{1}}}} = \mathbf{30\ min.}$$

IMPORTANTE:
Ricordatevi che potete semplificare come volete ed eventualmente fare il calcolo con la calcolatrice (9 · 64 : 19,2).
Io alla fine ho fatto 9 : 0,3 = 30.

4.5.2 RIPARTIZIONE DIRETTA

Faccio un cenno veloce alla ripartizione, perché è un argomento che possiamo incontrare nella nostra vita in diverse occasioni:

- per il calcolo delle spese condominiali;
- per la divisione delle spese o dei guadagni nelle società;
- per la divisione di eredità...

Io una volta l'ho incontrata al cinema!

Chi?

La ripartizione! Hai detto che possiamo incontrarla in diverse occasioni della nostra vita, e io ti ho detto che l'ho incontrata al cinema...

Ah! Come no? E di certo eri andato a vedere il film che parla del tuo sosia...

E chi sarebbe?

Forrest Gump!

Ripartire = suddividere in parti proporzionali a qualcosa
Facciamo un esempio che vale più di molta teoria...

? In una palazzina di 3 appartamenti si devono ripartire le spese dell'acqua di 360 € in modo direttamente proporzionale al numero di persone presenti in ogni appartamento. Sapendo che:

appartamento famiglia Porta ⟶ 3 persone
appartamento famiglia Grassi ⟶ 5 persone
appartamento famiglia Conti ⟶ 4 persone

Quale sarà la spesa per ogni famiglia?

Indichiamo con X Y Z le tre incognite da calcolare.
Avremo quindi:
X = importo che dovrà pagare la famiglia Porta
Y = importo che dovrà pagare la famiglia Grassi
Z = importo che dovrà pagare la famiglia Conti

Per i miei gusti c'è già troppa gente! Prima di risolvere il problema io ridurrei un po' il numero di inquilini...

E come faresti?

Faccio telefonare ai Porta, che sono 3, da Bruno Vespa, che conduce Porta a Porta, quindi 2 "Porta" (Porta a Porta) li faccio invitare in trasmissione e rimane a casa un Porta solo.

Poi faccio fare ai Grassi una dieta che elimina i "Grassi" e di 5 ne rimangono al massimo 2, a quel punto i Conti, che sono 4, si accorgono che meno persone abitano nella palazzina e più aumentano le spese a testa, quindi vedono che non tornano i "Conti" e se i Conti non tornano vuol dire che i Conti se ne sono andati, per cui nella palazzina delle 12 persone che erano rimangono in 3:
1 Porta
2 Grassi... 0 Conti...
Mi spiego?

Menomale che non ti droghi!

Ora impostiamo la proporzione:

$$X : 3 = Y : 5 = Z : 4$$ è una proporzione a tre membri

Noi conosciamo l'importo totale da ripartire: 360 €.
Sappiamo che:
X + Y + Z = 360 € (totale che devono pagare le 3 famiglie)

Possiamo applicare la **proprietà del comporre** (vista precedentemente) in questa proporzione a tre membri come segue:

$$(X + Y + Z) : (3 + 5 + 4) = X : 3$$
$$(X + Y + Z) : (3 + 5 + 4) = Y : 5$$
$$(X + Y + Z) : (3 + 5 + 4) = Z : 4$$

IMPORTANTE:
Invece di sommare antecedente + conseguente facciamo: la somma di tutti gli antecedenti sta (:) alla somma di tutti i conseguenti come un antecedente sta (:) al suo conseguente.

Sostituiamo:
(X + Y + Z) = 360 totale da pagare
(3 + 5 + 4) = 12 (risultato dell'operazione)

Quindi, otteniamo tre proporzioni di questo tipo:

360 : 12 = X : 3
360 : 12 = Y : 5
360 : 12 = Z : 4

Basta risolverle per ottenere i tre valori cercati X, Y, Z:

360 : 12 = X : 3

$X = \frac{\cancel{360}^{30} \cdot 3}{\cancel{12}_{1}} =$ **90 € quota della famiglia Porta**

360 : 12 = Y : 5

$Y = \frac{\cancel{360}^{30} \cdot 5}{\cancel{12}_{1}} =$ **150 € quota della famiglia Grassi**

360 : 12 = Z : 4

$Z = \frac{\cancel{360}^{30} \cdot 4}{\cancel{12}_{1}} =$ **120 € quota della famiglia Conti**

Se volete verificare sommate i tre importi e il totale deve corrispondere alla cifra che avete ripartito:

90 + 150 + 120 = **360** esatto!

? Mariano, Giovanni e Antonio decidono di fare qualcosa insieme ed essendo portati per le attività ludiche (gioco) si mettono in società e aprono un circolo ricreativo a cui danno il nome "Las Vegas". Ognuno di loro investe una cifra nell'attività e precisamente:

Mariano	**65.000 €**
Giovanni	**9.000 €**
Antonio	**16.000 €**

Alla fine dell'anno si ritrovano a fare i conti e devono dividere quanto guadagnato in modo proporzionale al loro investimento. Se il guadagno è di 81.000 € quanto riceveranno a testa i tre soci?

Indichiamo con X Y Z le tre somme che dovranno ricevere i soci, che corrispondono a:
X = somma che dovrà ricevere Mariano
Y = somma che dovrà ricevere Giovanni
Z = somma che dovrà ricevere Antonio

Impostiamo la proporzione:
X : 65.000 = Y : 9.000 = Z : 16.000

Applichiamo la proprietà del comporre:
(X + Y + Z) : (65.000 + 9.000 + 16.000) = X : 65.000

Sostituiamo al posto di (X + Y + Z) la somma da ripartire e al posto di (65.000 + 9.000 + 16.000) il risultato dell'operazione.

Quindi, otteniamo tre proporzioni di questo tipo:

81.000 : 90.000 = X : 65.000
81.000 : 90.000 = Y : 9.000
81.000 : 90.000 = Z : 16.000

Le risolviamo e troviamo gli importi cercati, X, Y, Z:

✓ $X = \frac{\cancel{81.000}^{0,9} \cdot 65.000}{\cancel{90.000}_{1}} =$ **58.500 € somma spettante a Mariano**

✓ $Y = \frac{\cancel{81.000}^{0,9} \cdot 9.000}{\cancel{90.000}_{1}} =$ **8.100 € somma spettante a Giovanni**

✓ $Z = \frac{\cancel{81.000}^{0,9} \cdot 16.000}{\cancel{90.000}_{1}} =$ **14.400 € somma spettante ad Antonio**

Verificate, sommando i tre importi e il totale deve corrispondere alla cifra ripartita:

✓ 58.500 + 8.100 + 14.400 = **81.000** esatto!

COME RIPARTIRE UNA CIFRA... IN PILLOLE

Nei problemi di ripartizione si divide una cifra
in modo direttamente proporzionale
a quantità indicate dal problema.

Nei casi trattati: numero di persone per appartamento
e somma investita da ogni socio.
Si ottiene così una divisione che rispetta un **criterio**.
Nei casi trattati:

maggiore numero di persone = maggiore importo spese
maggiore importo versato = maggiore importo guadagnato

Provate da soli a risolvere i seguenti problemi del tre semplice e di ripartizione...

ESERCIZIO 23

PROBLEMI DEL TRE SEMPLICE

A La macchina di Luciana consuma 12 l per percorrere 150 km. Quanti litri consumerà per percorrere 390 km?

B In una fabbrica 3 operai confezionano 1.200 scatole di cioccolatini al giorno: quante confezioni verranno fatte da 5 operai?

C Per costruire una recinzione 2 muratori impiegano in tutto 18 ore, quante ore impiegheranno in tutto per fare lo stesso lavoro 3 muratori?

D Per rivestire l'interno di un armadio, sono necessari 3 rotoli di carta plastificata lunghi 20 m. Quanti rotoli lunghi 12 m saranno necessari?

PROBLEMI DI RIPARTIZIONE

E Tre amici devono dividersi una vincita di 750 € in parti direttamente proporzionali agli importi versati per giocare la schedina. Sapendo che Aldo ha versato 5 €, Mauro 4 € e Andrea 6 €, quanto spetterà a ogni amico?

F In una palazzina di 4 abitazioni l'amministratore deve ripartire una spesa straordinaria di riparazione del tetto in parti direttamente proporzionali alla metratura degli appartamenti. Sapendo che gli appartamenti hanno le seguenti metrature:

App. A = 200 m^2
App. B = 110 m^2
App. C = 160 m^2
App. D = 90 m^2

Considerando che la spesa straordinaria è di 56.000 €, calcolate a quanto ammonta la spesa per ogni appartamento. (Potete usare nella proporzione le lettere A, B, C, D.)

4.6
LA PERCENTUALE

Il simbolo che indica la percentuale è **%**

25% → 25 = tasso percentuale

25% → 25% = percentuale

La percentuale (25%) si legge: venticinque per cento.

Per capire la percentuale facciamo un esempio:

? In una classe di 30 alunni i risultati della verifica possono essere divisi in tre fasce come segue:

Prima fascia	**20 % degli alunni prende un voto compreso tra 0 e 5;**
Seconda fascia	**50 % degli alunni prende 6;**
Terza fascia	**30 % degli alunni prende un voto maggiore di 6.**

Quanti sono gli alunni di ogni fascia?

Ma all'asilo nido danno già i voti ai bambini?

Ma chi ha parlato di asilo nido?

Beh, se hai detto che gli alunni sono in fasce...

Prima di tutto notiamo che la somma delle percentuali delle tre fasce è 100%, cioè tutti gli alunni.
Esaminiamo ora il significato di 20 %:
"si considerano 20 parti su un intero di 100 parti".
Se dobbiamo calcolare il 20% di una quantità che in questo caso corrisponde ai 30 alunni, dobbiamo chiederci: se 20 parti stanno a 100, quante sono le parti (x) che stanno a 30?

In pratica 100 è l'intero che corrisponde al 100% cioè al "tutto". A 100 dobbiamo rapportare l'intero che prendiamo in considerazione ogni volta che calcoliamo una percentuale.
Nel nostro caso l'intero è 30, cioè "tutti" gli alunni della classe.
Possiamo impostare una proporzione:

20 sta a 100 come x sta a 30

$$20 : 100 = x : 30$$

PARTE — INTERO — PARTE — INTERO

CAPIRE UNA PERCENTUALE

Il vostro ragionamento dovrà sempre essere:

parte : intero = parte : intero

e dovrete mettere:
in un membro il tasso percentuale e 100 (l'intero, il "tutto") e nell'altro membro l'incognita e il totale reale.

Impostiamo la proporzione per calcolare gli alunni della prima fascia: 20 : 100 = x : 30

$$x = \frac{20 \cdot 30}{100} = \frac{\cancel{600}^{6}}{\cancel{100}_{1}} =$$ **6 alunni della prima fascia**

Impostiamo la proporzione per calcolare gli alunni della seconda fascia: 50 : 100 = x : 30

$$x = \frac{50 \cdot 30}{100} = \frac{1500}{100} =$$ **15 alunni della seconda fascia**

Impostiamo la proporzione per calcolare gli alunni della terza fascia:30 : 100 = x : 30

$$x = \frac{30 \cdot 30}{100} = \frac{900}{100} =$$ **9 alunni della terza fascia**

Verificate, sommando tutti gli alunni trovati; il risultato dovrà essere 30:

✓ 15 + 9 + 6 = **30** esatto!

METODO RAPIDO
PER CALCOLARE LE PERCENTUALI

Ogni volta che abbiamo calcolato la x abbiamo moltiplicato per 30 e diviso per 100.

Per calcolare più velocemente le percentuali avremmo potuto fare direttamente:

Totale alunni = 30

Prima fascia = 20%

✓ $x = \frac{20 \cdot 30}{100} =$ **6 alunni della prima fascia**

Seconda fascia = 50%

✓ $x = \frac{50 \cdot 30}{100} =$ **15 alunni della seconda fascia**

Terza fascia = 30%

✓ $x = \frac{30 \cdot 30}{100} =$ **9 alunni della terza fascia**

CALCOLARE UNA PERCENTUALE

Indichiamo con delle lettere i termini della proporzione vista nel paragrafo precedente:

20 sta a 100 = x sta a 30

$$\mathbf{r : 100 = P : T}$$

r = tasso percentuale
P = parte percentuale
T = totale

La proporzione generale che lega queste tre grandezze è:

$$\mathbf{r : 100 = P : T}$$

da cui si possono ricavare le formule:

$$\mathbf{r = \frac{P \cdot 100}{T}}$$

$$\mathbf{P = \frac{r \cdot T}{100}}$$ questa è la formula che abbiamo usato prima

$$\mathbf{T = \frac{100 \cdot P}{r}}$$

Nell'esempio precedente dovevamo calcolare:
"la parte percentuale P" (n° di alunni di ogni fascia)
conoscendo
i "tassi percentuali r " (20; 50; 30)
il "totale T" (30 alunni)

Se applichiamo la regola lo risolviamo così:

✓ $$P = \frac{20 \cdot 30}{100} = 6$$

Facciamo due problemi per applicare le formule appena viste.

? Rossana si reca nel suo negozio preferito e la commessa le confida che ai clienti affezionati verrà fatta una promozione sui nuovi arrivi, ma non è in grado di dire quale percentuale di sconto verrà applicata. Rossana si accorge che sul cartellino di un abito di seta di Cavalli il prezzo di 750,00 € è stato barrato e sostituito da 637,50 €. Siete in grado di aiutare Rossana a calcolare la percentuale di sconto applicata nel negozio?

Calcoliamo la differenza tra il prezzo pieno e il prezzo scontato:

750,00 – 637,50 = **112,50 € importo scontato (corrisponde a P)**

T = 750,00 € (totale)
P = 112,50 €
r = ? (tasso)

Applichiamo la formula per calcolare a che tasso percentuale corrisponde l'importo scontato:

$$r = \frac{P \cdot 100}{T} = \frac{112,50 \cdot 100}{750,00} = \frac{11250}{750} = \mathbf{15\%}$$

il tasso di sconto applicato nel negozio ai clienti affezionati è del 15%

? Marco si reca in un negozio di elettrodomestici per acquistare un televisore e corre subito nel reparto occasioni. Sui televisori è stato messo il cartellino con il prezzo di vendita già scontato del 30% e Marco sceglie un televisore con schermo piatto 22 pollici da mettere in cucina il cui prezzo è di 245 €. Non contento, Marco vuole sapere il prezzo del televisore prima dello sconto, perché non conosce bene il significato di percentuale. Chiede ai commessi ma nessuno trova il listino dei prezzi originali e nessuno

è in grado di calcolare il prezzo prima dello sconto. Proviamo noi ad aiutare tutta questa gente?

Se è stato applicato il 30% di sconto vuol dire che il prezzo pieno corrisponde al 100%, noi togliamo il 30% e paghiamo il 70%, cioè 245,00 €.
Nei dati dobbiamo mettere la % corrispondente all'importo pagato.

P = 245,00 € (parte pagata corrispondente al 70%)
r = 70 %
T = ? (totale, cioè prezzo prima dello sconto)

Applichiamo la formula:

$$T = \frac{100 \cdot P}{r} = \frac{100 \cdot 245{,}00}{70} = \frac{24500}{70} = \mathbf{350\ €}$$ il televisore di Marco prima dello sconto costava 350 €

È giunto il vostro momento, provate da soli a eseguire qualche problema con le percentuali.

ESERCIZIO 24

A Nel volantino con le offerte di un supermercato viene indicato che su alcuni prodotti sarà applicato uno sconto del 30%. Calcolate il prezzo scontato dei seguenti prodotti: maxidetersivo 19,98 € - pannolini per bambini 28,80 € - confezione di bagnoschiuma 2 pezzi 7,26 € - detersivo pavimenti 3,84 €.

B Sapresti calcolare il prezzo di un cappotto che costa 322,50 € dopo l'applicazione di uno sconto del 25%?

C Un orefice acquista un bracciale di diamanti al prezzo di 3.200 € (costo) e lo rivende al prezzo di 4.480 € (ricavo). Sapresti calcolare a quale tasso percentuale corrisponde il suo guadagno?

GRADI, MIGLIA E 3×2

In questo capitolo, affrontando questi argomenti abbiamo dato abbastanza concretezza ai concetti spiegati, facendo esempi quotidiani e molto utili.
Vediamone altri 3 nello specifico.

■ SCALE TERMOMETRICHE:
PASSAGGIO DA GRADI CELSIUS A GRADI FAHRENHEIT E VICEVERSA

Per definire la temperatura, la scala Celsius è usata nella maggior parte del mondo (anche in Italia) mentre nei Paesi anglosassoni si utilizza la scala Fahrenheit.

	Scala Celsius **Scala °C**			Scala Fahrenheit **Scala °F**
Temp. di congelamento dell'acqua	0 °C	1	1	32 °F
		0	8	
Temp. di ebollizione dell'acqua	100 °C	0	0	212 °F

La scala Celsius nell'intervallo tra t di congelamento e t di ebollizione è divisa in 100 parti, mentre la scala Fahrenheit è divisa in 180 parti. La proporzione che ci permette di passare da una scala all'altra è la seguente:

°C : 100 = (°F – 32) : 180

Da questa proporzione ricaviamo le due formule:

$$°C = \frac{100 \cdot (°F - 32)}{180}$$

VELOCE °C = (°F – 32) · 0,55

$$°F - 32 = \frac{°C \cdot 180}{100}$$

VELOCE °F – 32 = °C · 1,8
poi aggiungete 32 al risultato

Facciamo qualche esempio pratico.

? Trasformiamo 28 °C in gradi °F

$$°F - 32 = \frac{28 \cdot 180}{100} = 50{,}4$$ (per trovare °F dobbiamo aggiungere 32)

$$°F - 32 = 50{,}4$$

V $°F = 50{,}4 + 32 =$ **82,4 °F** esatto!

E comunque, secondo me, il posto dove c'è sempre la temperatura migliore è lombra...

Vorrai dire Londra...

No, no, lombra! In estate, quando fa molto caldo, a lombra fa sempre più fresco, per esempio senti la gente che dice: «Ci sono 40 gradi, 32 a lombra...»

All'ombra! Non a lombra…
Tu di colpi di sole devi averne presi tanti...
Ma da dove vieni? Per me quando sei nato hanno scambiato le culle!

? Trasformiamo ora 74 °F in gradi Celsius

V $$°C = \frac{100 \cdot (74 - 32)}{180} = \frac{100 \cdot 42}{180} = 23{,}3°C$$

■ TRASFORMAZIONE DAI CHILOMETRI ALLE MIGLIA E VICEVERSA

In quasi tutto il mondo si usa come unità di misura della velocità il km/h (chilometro all'ora) mentre nei Paesi anglosassoni si usa il miglio orario indicato con mph (miglio per ora) o con mi/h. 1 miglio corrisponde a circa 1609,344 metri e a 1,61 chilometri (arrotondando).

? Se noi andiamo a una velocità di 120 km/h, a che velocità stiamo andando in miglia?

√ 120 : 1,61 = **74,53 mph** **velocità in miglia**

? Se noi andiamo ad una velocità di 220 mph, a che velocità stiamo andando in km/h?

√ 220 · 1,61 = **354,2 km/h** **velocità in chilometri all'ora**

PER PASSARE DA KM/H A MPH SI DIVIDE PER **1,61**
PER PASSARE DA MPH A KM/H SI MOLTIPLICA PER **1,61**

■ PAGHI DUE E COMPRI TRE

Valutiamo bene quanto paghiamo un prodotto e che percentuale risparmiamo. Capita spesso di trovare offerte del tipo 3X2. Facciamo un esempio…

4

? Tre confezioni di mozzarella a 3,50 € con l'offerta 3X2: qual è il tasso di sconto?

Se 3,50 € è il prezzo di 2 confezioni vuol dire che una confezione costa: 3,50 : 2 = 1,75 € (costo di una confezione)

3 confezioni dovrebbero costare: 1,75 · 3 = 5,25 €
e invece le paghiamo 3,50 €

Per trovare il tasso di sconto applicato, dobbiamo fare:

$$r = 100\% - \frac{P \cdot 100}{T} = \quad 100 - \frac{3,50 \cdot 100}{5,25} =$$

$100\% - 66,66\% = \mathbf{33,33\%}$

66% corrisponde alla percentuale pagata, quindi la percentuale scontata sarà data da:
100% – 66,66% = 33,3% (circa).

IMPORTANTE:
Quando acquistiamo un prodotto 3X2 paghiamo circa il 66% e risparmiamo circa il 33%.

5

5.1 I NUMERI RELATIVI
Confronto di numeri relativi

5.2 OPERAZIONI CON I NUMERI RELATIVI INTERI

5.2.2 Sottrazione con i numeri relativi interi
Lezione I – Togliere le parentesi
Lezione II – Espressioni algebriche con addizioni e sottrazioni
5.2.3 Moltiplicazione con i numeri relativi interi
5.2.4 Divisione con i numeri relativi interi
Lezione III – Espressioni con le quattro operazioni

5.3 OPERAZIONI CON I NUMERI RELATIVI RAZIONALI (frazioni)
5.3.1 Addizione con i numeri relativi razionali
5.3.2 Sottrazione con i numeri relativi razionali
5.3.3 Moltiplicazione con i numeri relativi razionali
5.3.4 Divisione con le frazioni
Lezione IV – Espressioni algebriche con le frazioni

5.4 POTENZE DI NUMERI RELATIVI
5.4.1 Le proprietà delle potenze

5.5 ALGEBRA CON LE LETTERE
5.5.1 I monomi
5.5.2 Addizione algebrica di monomi
5.5.3 Prodotto di monomi
5.5.4 Divisione di monomi
Lezione V – Espressioni con i monomi (quattro operazioni)
5.5.5 Potenze di monomi
Lezione VI – Espressioni con le quattro operazioni e le potenze

PUÒ SEMPRE SERVIRE IL BILANCIO FAMILIARE

5.1
I NUMERI RELATIVI

I numeri relativi sono i numeri **preceduti da un segno + o da un segno –**.
Fino a ora abbiamo lavorato solo con i numeri positivi (naturali) e non abbiamo avuto bisogno di mettere il segno + davanti per distinguerli da quelli negativi, con il segno – .

Ora useremo sia numeri positivi che negativi, e saremo quindi obbligati a mettere davanti a ogni numero il segno + o il segno – .
Provate a pensare se nella vita avete mai incontrato il segno – ?

Provo! Potrebbe essere quello che trovo sul saldo del mio conto corrente ?

Conoscendoti sì! Quando uno spende come te più di quello che guadagna il conto corrente ha un saldo negativo, si dice anche che è "in rosso", ciò significa che si è in debito con la banca.

Un altro segno negativo lo troviamo in inverno, quando fa tanto freddo e la colonnina di mercurio del termometro scende al di sotto dello zero indicando valori negativi, come per esempio –10 °C.

Quindi in inverno il mio conto corrente è in rosso due volte?

Adesso siamo sicuri della totale ignoranza di Marco, mentre ci siamo fatti una mezza idea dei numeri negativi.
Proviamo a rappresentare i numeri relativi su una retta orientata, dotata cioè di una freccia che indica che da quella parte i numeri crescono (verso di percorrenza).
Scegliamo un'unità di misura (una tacca vale 1) che riporteremo ad intervalli regolari.

unità di misura: u ___ = 1

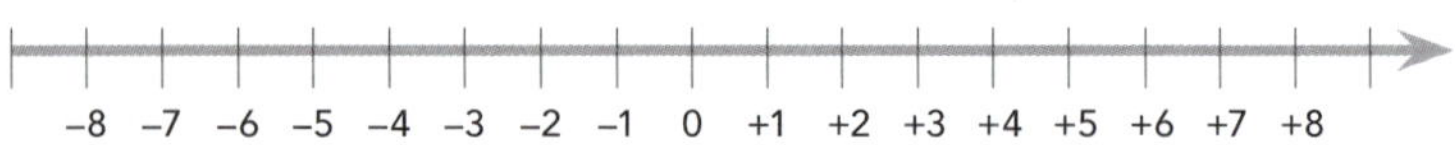

Il numero **zero è lo spartiacque**, divide cioè i numeri negativi da quelli positivi, senza essere né positivo né negativo.

Per iniziare a lavorare con i numeri relativi dobbiamo sapere e fissare molto bene il significato di alcuni termini...

VALORE ASSOLUTO (O MODULO)

Il valore assoluto (o modulo) di un numero relativo si indica con due barre verticali che racchiudono il numero con il segno, ed è uguale al numero privo di segno. Avremo che:

$\|+5\| = 5$	si legge "valore assoluto di più cinque uguale a cinque"
$\|-5\| = 5$	si legge "valore assoluto di meno cinque uguale a cinque"

NUMERI UGUALI

Due numeri relativi sono uguali se hanno lo stesso valore assoluto e lo stesso segno:

$+2 = +2$
$-4 = -4$

NUMERI CONCORDI

Due numeri relativi sono concordi quando hanno lo stesso segno:

+3 CONCORDE CON +8
–7 CONCORDE CON –11

NUMERI DISCORDI

Due numeri relativi sono discordi quando hanno segno diverso:

+4 DISCORDE DA –5
–13 DISCORDE DA +91

NUMERI OPPOSTI

Due numeri relativi sono opposti se hanno lo stesso valore assoluto e segno diverso:

+12 OPPOSTO A –12
–25 OPPOSTO A +25

5.1.1 CONFRONTO DI NUMERI RELATIVI

Quando confrontiamo i numeri naturali non dobbiamo pensare tanto prima di dire che 5 è maggiore di 4.
Con i numeri relativi, invece, il confronto non è così automatico, almeno per le prime volte...

Pensiamo alla retta orientata:

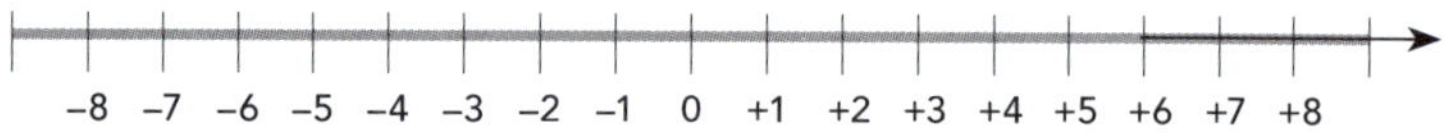

la freccia indica il verso di crescita, per cui:
$+5 > +4$
↓
MAGGIORE

SIMBOLI PER CONFRONTARE DUE MISURE

simbolo di maggiore: $>$
simbolo di minore: $<$
simbolo di uguale: $=$
simbolo che indica maggiore o uguale (accetta entrambe le condizioni): $\geq$
simbolo che indica minore o uguale (accetta entrambe le condizioni): $\leq$

Tra due numeri positivi è maggiore quello con maggior valore assoluto:

$+8 > +6$
$+25 > +17$
$+54 > +31$

Tra un numero negativo e un numero positivo è sempre maggiore il numero positivo:

+4 > –6
+15 > –21
+3 > –1

Tra due numeri negativi è maggiore quello con minor valore assoluto (dato che sulla retta orientata i numeri crescono andando verso destra, un numero negativo più vicino allo zero è maggiore di uno più lontano dallo zero, –2 sarà maggiore di – 8, e i loro valori assoluti si comportano al contrario di quelli dei numeri positivi):

–26 > –35
–3 > –4
–15 > –25

In generale, vale la regola che tra due numeri il numero più grande è quello che viene dopo seguendo il verso di percorrenza della retta, in questo caso quello più a destra dei due.

ESERCIZIO 25

A Indicate di fianco a ogni coppia di numeri relativi se sono concordi (c), discordi (d) oppure opposti (o):
+3 e –7; –6 e –14; +18 e –18; +15 e +5; –8 e +8; –54 e +13

B Indicate il valore assoluto dei seguenti numeri relativi:
+3 ; –14; +9; –2; –16; +6

C Confrontate le seguenti coppie di numeri relativi e inserite il simbolo >, < oppure =:

+3 .... –6
–5 .... –7
+13 .... +19
–25 .... –12
+4 .... +4

5.2
OPERAZIONI CON I NUMERI RELATIVI INTERI

Affrontiamo l'argomento operazioni partendo da esempi perché "è più semplice fare che dire"!

5.2.1 ADDIZIONE CON I NUMERI RELATIVI INTERI

In tutti gli esempi che seguono metteremo i numeri relativi con il loro segno tra parentesi e il segno + dell'operazione "addizione" tra le due parentesi.

ADDIZIONE DI DUE NUMERI CONCORDI

In questo caso, il risultato sarà un numero relativo il cui segno è lo stesso dei numeri sommati e il valore assoluto è dato dalla somma dei valori assoluti dei due numeri:

ADDIZIONE DI DUE NUMERI CONCORDI

SE I NUMERI SONO POSITIVI

$$(+\mathbf{5})+(+\mathbf{6})=(+\mathbf{11})$$

$$(5+6=11)$$

SE I NUMERI SONO NEGATIVI

$$(-\mathbf{4})+(-\mathbf{8})=(-\mathbf{12})$$

$$(4+8=12)$$

ADDIZIONE DI DUE NUMERI DISCORDI

In questo caso, il risultato sarà un numero relativo il cui segno è quello del numero con maggiore valore assoluto e il valore assoluto è dato dalla differenza dei valori assoluti dei due numeri:

ADDIZIONE DI DUE NUMERI DISCONCORDI →

SE I NUMERI SONO POSITIVI
$(\mathbf{+15}) + (\mathbf{-25}) = (\mathbf{-10})$
$(25 - 15 = 10)$

SE I NUMERI SONO NEGATIVI
$(\mathbf{+22}) + (\mathbf{-10}) = (\mathbf{+12})$
$(22 - 10 = 12)$

SOMMA DI DUE NUMERI RELATIVI

La somma di **due numeri relativi concordi** è data da un numero relativo avente come valore assoluto la somma dei valori assoluti dei due numeri e come segno lo stesso segno dei due numeri.

La somma di **due numeri relativi discordi** è data da un numero relativo avente come valore assoluto la differenza dei valori assoluti dei due numeri e come segno il segno del numero con maggior valore assoluto.

Facciamo qualche esercizio...

$(+7) + (+9) = (+16)$ hanno lo stesso segno: sommiamo $7 + 9 = 16$ e lasciamo il segno + dei due numeri

$(+14) + (+6) = (+20)$ idem come sopra: $14 + 6 = 20$ e segno + dei due numeri

$(-34) + (+12) = (-22)$ hanno segno diverso, quindi facciamo la differenza $34 - 12 = 22$ e mettiamo il segno del numero con maggior valore assoluto, cioè il segno di -34

$(+55) + (-13) = (+42)$ idem come sopra: $55 - 13 = 42$ e segno di $+55$

- ✓ $(-36)+(-10)=(-46)$ — hanno lo stesso segno: sommiamo 36 + 10 = 46 e lasciamo il segno – dei due numeri
- ✓ $(-9)+(-16)=(-25)$ — idem come sopra: 9 + 16 = 25 e segno – dei due numeri
- ✓ $(+\mathbf{15})+(-\mathbf{15})=\mathbf{0}$ — la somma di due numeri opposti è zero:

ADDIZIONE DI PIÙ NUMERI RELATIVI

Nelle addizioni di più numeri relativi non è necessario applicare la **regola dei primi due**: quello che vi suggerisco e vi riassumo è il metodo per me più semplice e veloce.

> *Ce la siamo tolta di torno, finalmente, 'sta regola dei primi due!*

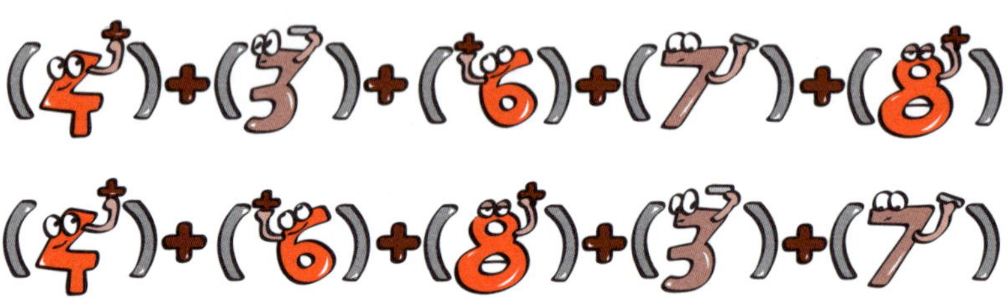

SOMMA DI PIÙ NUMERI RELATIVI

Per **addizionare tre o più numeri relativi** sommate tra di loro tutti i numeri positivi, sommate tra di loro tutti i numeri negativi, quando vi trovate con un numero positivo e un numero negativo, fate la differenza dei valori assoluti e mettete il segno del numero con maggior valore assoluto.
Esempio:

$$\mathbf{(+4)+(-3)+(+6)+(-7)+(+8)=}$$

$$(+4)+(-3)+(+6)+(-7)+(+8)=$$

$(+18)+(-10)=(+8)$ il risultato ha segno + come 18 perché: $|+18|>|-10|$

ho addizionato i numeri concordi $4+6+8=18$ con segno +
ho addizionato i numeri concordi $(-3)+(-7)=-10$ con segno –

Per darvi una visione generale dell'argomento, vi faccio vedere anche altri metodi per addizionare, sottolineando le operazioni di ogni passaggio.

$$\mathbf{(+4)+(-3)+(+6)+(-7)+(+8)=}$$

$$\underbrace{(+4)+(-3)}+\underbrace{(+6)+(-7)}+(+8)=$$

$$(+1)+(-1)+(+8)=$$

$$0+(+8)=\mathbf{+8}$$

oppure:

$$(+4)+\underbrace{(-3)+(+6)}+\underbrace{(-7)+(+8)}=$$

$$\underbrace{(+4)+(+3)+(+1)}=\mathbf{(+8)}$$

Potete associare i numeri relativi come volete...

Esercizi svolti:

$$(\mathbf{-11})+(\mathbf{+14})+(\mathbf{-7})+(\mathbf{+25})+(\mathbf{+13})+(\mathbf{-17})=$$

$$(-11)+(+14)+(-7)+(+25)+(+13)+(-17)=$$

$$(-35)+(+52)=(\mathbf{+17})$$

ho sommato tra loro i numeri positivi,
ho sommato tra loro i numeri negativi;
ho fatto la differenza tra i valori assoluti
e ho messo il segno del numero
con maggior valore assoluto

$$(\mathbf{+45})+(\mathbf{+36})+(\mathbf{-88})+(\mathbf{+54})+(\mathbf{-39})+(\mathbf{+12})+(\mathbf{-9})=$$

$$(+45)+(+36)+(-88)+(+54)+(-39)+(+12)+(-9)=$$

$$(-136)+(+147)=(\mathbf{+11})$$

ho sommato tra loro i numeri positivi,
ho sommato tra loro i numeri negativi;
ho fatto la differenza tra i valori assoluti
e ho messo il segno del numero
con maggior valore assoluto

$$(\mathbf{-33})+(\mathbf{-26})+(\mathbf{-57})+(\mathbf{85})+(\mathbf{-16})+(\mathbf{+19})=$$

$$(-33)+(-26)+(-57)+(+85)+(-16)+(+19)=$$

$$(-132)+(+104)=(\mathbf{-28})$$

ho sommato tra loro i numeri positivi,
ho sommato tra loro i numeri negativi;
ho fatto la differenza tra i valori assoluti
e ho messo il segno del numero
con maggior valore assoluto

5.2.2 SOTTRAZIONE CON I NUMERI RELATIVI INTERI

La sottrazione di numeri relativi è più complicata dell'addizione, per questo rivediamo la sottrazione di numeri naturali...

SOTTRAZIONE DI NUMERI NATURALI

$$15 - 5 = 10$$

MINUENDO ↙ SOTTRAENDO ↓ DIFFERENZA ↘

Sappiamo inoltre che:

$$10 + 5 = 15$$

DIFFERENZA + SOTTRAENDO = MINUENDO

Anche per i numeri relativi vale quanto visto nel riquadro.

5

$$(+\mathbf{10}) - (-\mathbf{4}) = \ \mathbf{?}$$
$$\mathbf{?} \ + (-\mathbf{4}) = (+\mathbf{10})$$

Dobbiamo trovare il numero che sommato a (–4) dia (+10).
Il numero ? è (+14) infatti:
(+14) + (–4) = (+10)

Naturalmente non possiamo risolvere con questo metodo le sottrazioni, perché impiegheremmo troppo tempo, guardate cosa dobbiamo fare:

$(+10) - (-4) =$ trasformo la sottrazione in un'addizione cambiando due segni, uno fuori dalla parentesi e uno dentro la parentesi

✓ $(+10) + (+4) = (+14)$ la risolviamo come abbiamo fatto prima con la regola dell'addizione

$(+5)-(+6)=$

$(+5)-(+6)=$ trasformo la sottrazione, come sopra

✓ $(+5)+(-6)=(-1)$ questa volta nella seconda parentesi c'è il segno + e lo trasformiamo in segno –

SOTTRAZIONE DI DUE O PIÙ NUMERI RELATIVI

Per sottrarre **due o più numeri relativi** bisogna trasformare la sottrazione in addizione, cambiando sia il segno dell'operazione (da meno a più) sia il segno del numero relativo che si trova all'interno della parentesi dopo il segno – dell'operazione (cambia due segni). Tecnicamente si dice:
la differenza di due numeri relativi si ottiene addizionando al primo numero l'opposto del secondo.

$(+5)-(+14)=$

$(+5)-(+14)=$

$(+5)+(-14)=(-9)$ trasformo il – tra i due numeri in + e il (+14) che si trova dopo il – in (–14)

$(+3)-(-6)-(-13)-(+4)=$

✓ trasformo i – in + fuori dalle parentesi e cambio segno ai numeri nelle parentesi dopo il – e sommo tra loro i numeri positivi

$(+3)+(+6)+(+13)+(-4)=$

$(+22)+(-4)=$

✓ $(+22)+(-4)=(+18)$ il risultato lo ottengo facendo la differenza dei valori assoluti 22 – 4 = 18; il segno + è quello del numero con maggior valore assoluto cioè (+22)

$(\mathbf{-11}) - (\mathbf{+5}) - (\mathbf{+36}) - (\mathbf{-55}) - (\mathbf{+8}) =$

$(-11) + (-5) + (-36) + (+55) + (-8) =$

trasformo i – in + fuori dalle parentesi e cambio segno ai numeri nelle parentesi dopo il –

$(-60) + (+55) =$

✓ il risultato lo ottengo facendo la differenza dei valori assoluti 60 – 55 = 5; il segno – è quello del numero con maggior valore assoluto cioè (– 60)

✓ $(-60) + (+55) = (\mathbf{-5})$

$(\mathbf{+69}) - (\mathbf{+21}) - (\mathbf{+79}) - (\mathbf{-45}) - (\mathbf{-11}) - (\mathbf{+35}) =$

$(+69) + (-21) + (-79) + (+45) + (+11) + (-35) =$ idem come sopra!

✓ $(+125) + (-135) = (\mathbf{-10})$

Facciamo adesso esercizi con addizioni e sottrazioni.

5

$(\mathbf{+3}) + (\mathbf{-9}) - (\mathbf{+12}) + (\mathbf{+14}) - (\mathbf{-8}) =$

$(+3) + (-9) + (-12) + (+14) + (+8) =$

✓ $(+25) + (-21) = (\mathbf{+4})$

nel primo passaggio si fanno le trasformazioni delle sottrazioni in addizioni, poi si esegue l'addizione algebrica

$(\mathbf{+12}) - (\mathbf{-4}) - (\mathbf{+4}) - (\mathbf{+16}) + (\mathbf{+5}) =$

$(+12) + (+4) + (-4) + (-16) + (+5) =$ idem come sopra!

✓ $(+21) + (-20) = (\mathbf{+1})$

$(\mathbf{-6}) - (\mathbf{-7}) + (\mathbf{-9}) - (\mathbf{+5}) - (\mathbf{-14}) + (\mathbf{+22}) =$

$(-6) + (+7) + (-9) + (-5) + (+14) + (+22) =$

✓ $(-20) + (+43) = (\mathbf{+23})$

E adesso lavorate da soli. Eseguite le seguenti operazioni con i numeri relativi.

ESERCIZIO 26

A $(+4)+(-9)+(-5)+(+14)=$

B $(+3)-(-6)-(+11)-(+22)=$

C $(-13)-(-5)+(-9)-(-18)+(+13)=$

D $(+42)-(+26)+(-13)-(-82)+(-85)=$

E $(+174)-(-16)+(-92)+(+3)-(+77)=$

LEZIONE I TOGLIERE LE PARENTESI

Fino a ora abbiamo racchiuso tutti i numeri relativi tra parentesi, per avere l'idea che numero e segno sono un tutt'uno e abbiamo messo fuori dalle parentesi i segni + o – , che indicano l'operazione da eseguire.
Adesso, però, abbiamo capito che:

+ fuori dalla parentesi ⟶ non fa cambiare segno al numero che viene dopo nella parentesi

– fuori dalla parentesi ⟶ fa cambiare segno al numero che viene dopo nella parentesi

Possiamo eliminare le parentesi comportandoci così:

- togliamo le parentesi lasciando il segno che compare all'interno se fuori c'è un + e cambiando il segno che compare all'interno se fuori c'è un –;

- quando non ci sono più parentesi l'espressione prende il nome di addizione algebrica perché è sottinteso che tra un numero relativo e l'altro ci sia il segno dell'operazione addizione, cioè +;
- a questo punto non compaiono i segni + che c'erano fuori dalle parentesi (perché sottintesi) e potete eseguire le somme algebriche come prima, addizionando tra loro i numeri positivi e tra loro i numeri negativi.

$(+\mathbf{12})+(-\mathbf{7})+(+\mathbf{4})-(-\mathbf{6})-(+\mathbf{2})=$

tolgo le parentesi, come da passaggio spiegato al primo punto, cambiando di segno a -6 e $+2$, che diventeranno $+6$ e -2

$+12-7+4+6-2=$

$+22-9=$

eseguo le somme algebriche come spiegato all'ultimo punto

✓ $+22-9=\mathbf{+13}$

TOGLIERE LE PARENTESI AI NUMERI RELATIVI

Si può farlo comportandosi in due diversi modi:

- lasciando il segno che hanno al loro interno se fuori c'è un +
- cambiando il segno che hanno al loro interno se fuori c'è un –

Eseguite, quindi, l'addizione algebrica tra i numeri relativi rimasti con il loro segno.

IMPORTANTE:
Il segno + a inizio riga, a inizio parentesi nel caso delle espressioni con parentesi, o dopo i segni x e : può non essere messo, quindi possiamo anche dire che **quando un numero relativo non ha segno è sottinteso che il segno mancante sia +.**

$(\mathbf{+45})-(\mathbf{-14})+(\mathbf{-8})-(\mathbf{+5})-(\mathbf{-32})=$

$+45+14-8-5+32=$ — tolgo le parentesi e metto a posto i segni, cambiando quelli dei numeri che avevano il segno – davanti alle parentesi

$+91-13=$ — ho addizionato tra loro i numeri positivi e tra loro i numeri negativi e poi ho fatto la differenza dei valori assoluti

✓ $+91-13=\mathbf{+78}$

$(\mathbf{-44})-(\mathbf{+58})+(\mathbf{-71})-(\mathbf{+63})+(\mathbf{+15})=$

$-44-58-71-63+15=$

✓ $-236+15=\mathbf{-221}$

$(\mathbf{+14})-(\mathbf{-12})-(\mathbf{+13})+(\mathbf{-6})+(\mathbf{+4})=$

$+14+12-13-6+4=$

✓ $+30-19=+\mathbf{11}$

E adesso provate da soli. Ce la potete fare!
Togliete le parentesi ed eseguite le addizioni algebriche.

ESERCIZIO 27

A $(-6)+(-9)-(+4)=$

B $(-11)-(-12)+(-7)+(+15)=$

C $(+17)+(-9)+(+24)-(-56)-(+63)=$

D $(+154)-(-45)+(-99)-(+85)-(-12)+(-33)=$

E $(-111)+(-99)-(+140)+(-60)=$

LEZIONE II ESPRESSIONI ALGEBRICHE CON ADDIZIONI E SOTTRAZIONI

Calcoliamo il valore delle seguenti espressioni algebriche con parentesi. Faccio direttamente alcuni esempi e vi spiego come procedere.

$\mathbf{11} + \mathbf{14} - (\mathbf{4} - \mathbf{6} + \mathbf{3}) + (-\mathbf{5} + \mathbf{2} + \mathbf{5}) =$

È SOTTOINTESO IL SEGNO +

$11 + 14 - (4 - 6 + 3) + (-5 + 2 + 5) =$ come prima cosa, fate i calcoli nelle tonde

$11 + 14 - (+7 - 6) + (-5 + 7) =$ se riuscite, risolvete pure la tonda in un solo passaggio: io lo faccio sempre in due!

$11 + 14 - (+1) + (+2) =$ togliete le parentesi e cambiate segno se fuori c'è un –

$11 + 14 - 1 + 2 =$ da qui dovreste saperlo fare

$+27 - 1 = \mathbf{+26}$

IMPORTANTE:
In questa espressione abbiamo risolto, come d'uso, prima le tonde, ma in algebra abbiamo anche la possibilità di togliere la parentesi tonda sistemando i segni così:

$11 + 14 - (4 - 6 + 3) + (-5 + 2 + 5) =$

$11 + 14 - 4 + 6 - 3 - 5 + 2 + 5 =$

In pratica, ho tolto le tonde e dove fuori c'era un – ho cambiato i segni di tutti i numeri presenti all'interno della parentesi, dove fuori c'era un + ho tolto la parentesi senza cambiare i segni ai numeri presenti all'interno.

$$\mathbf{-4-(7+3+5)+(+6-11-9+3)-(14-12)=}$$

come prima cosa, fate i calcoli nelle tonde

$$-4-(7+3+5)+(+6-11-9+3)-(14-12)=$$

$$-4-(+15)+(+9-20)-(+2)=$$ non abbiate premura di togliere le parentesi

$$-4-15+(-11)-2=$$ togliete le parentesi quando al loro interno c'è solo un numero

$$-4-15-11-2=\mathbf{-32}$$

$$\mathbf{12+(4-5)-[7-(6-11)+(9-4+3)-14]-9=}$$

prima i calcoli nelle tonde

$$12+(4-5)-[7-(6-11)+(9-4+3)-14]-9=$$

a questo punto tolgo le tonde e metto a posto i segni

$$12+(-1)-[7-(-5)+(+12-4)-14]-9=$$ ora i calcoli nelle quadre

$$12-1-[7+5+(+8)-14]-9=$$

$$12-1-[7+5+8-14]-9=$$

$$12-1-[20-14]-9=$$ tolgo le quadre e metto a posto i segni

$$12-1-[+6]-9=$$

$$12-1-6-9=$$

$$12-16=\mathbf{-4}$$

$$\mathbf{7-10+(+4-5+3)-[15-(8-9-12)+4-(6+17)]-21=}$$

$$7-10+(+4-5+3)-[15-(8-9-12)+4-(6+17)]-21=$$

$$7-10+(+7-5)-[15-(8-21)+4-(+23)]-21=$$

$$7-10+(+2)-[15-(-13)+4-23]-21=$$

$$7-10+2-[15+13+4-23]-21=$$

$$7-10+2-[+32-23]-21=$$

$$7-10+2-[+9]-21=$$

$$7-10+2-9-21=$$

$$9-40=\mathbf{-31}$$

5.2.3 MOLTIPLICAZIONE CON I NUMERI RELATIVI INTERI

La moltiplicazione dei numeri relativi segue una semplice regola, che vediamo subito.

LA REGOLA DEI SEGNI

PRODOTTO DI DUE NUMERI CONCORDI

$(+)\cdot(+)=(+)$

$(-)\cdot(-)=(+)$

Il prodotto di due numeri relativi concordi è **sempre positivo**.

PRODOTTO DI DUE NUMERI DISCORDI

$(-)\cdot(+)=(-)$

$(+)\cdot(-)=(-)$

Il prodotto di due numeri relativi discordi è **sempre negativo**.

Marco, sei ancora sveglio? Hai capito la differenza tra i numeri concordi e quelli discordi?

Certo! I numeri concordi vanno d'accordo tra loro e quelli discordi litigano!

Qui l'unico che ha litigato sei tu! Per dire certe cose devi avere litigato molto con la matematica!

Esempi:

$(+7) \cdot (+8) = (+56)$

$(-5) \cdot (-6) = (+30)$

$(+4) \cdot (-3) = (-12)$

$(-9) \cdot (+2) = (-18)$

PRODOTTO DI TRE NUMERI RELATIVI

$\mathbf{(+2) \cdot (-3) \cdot (+6) =}$

$\underbrace{(+2) \cdot (-3)} \cdot (+6) =$ ho moltiplicato i primi due

$(-6) \cdot (+6) = \mathbf{(-36)}$

oppure

$(+2) \cdot \underbrace{(-3) \cdot (+6)} =$ ho moltiplicato i secondi due

$(+2) \cdot (-18) = \mathbf{(-36)}$ potete scegliere quali numeri moltiplicare tanto il prodotto non cambia

$\mathbf{(+5) \cdot (+2) \cdot (+10) =}$ ho moltiplicato i primi due

$\underbrace{(+5) \cdot (+2)} \cdot (+10) =$

$(+10) \cdot (+10) = \mathbf{(+100)}$

Se ce la fate, potete fare il prodotto di tre numeri relativi in un solo passaggio. Ecco un esempio:

$\mathbf{(-3) \cdot (-4) \cdot (-2) =}$

$(-3) \cdot (-4) \cdot (-2) =$

+ nel caso dei primi due numeri, meno per meno = più

− in questo caso più per meno = meno (risultato dei primi due con il terzo)

$(-3) \cdot (-4) \cdot (-2) = \mathbf{-24}$

Ora facciamo esercizi con addizioni, sottrazioni e moltiplicazioni insieme.

$(\mathbf{-4}) \cdot (\mathbf{-2}) - (\mathbf{+5}) \cdot (\mathbf{-3}) =$

$(-4) \cdot (-2) - (+5) \cdot (-3) =$ — si fanno le moltiplicazioni e si lasciano i risultati tra parentesi

$(+8) - (-15) =$ — togliamo le parentesi e mettiamo a posto i segni il – davanti alla parentesi fa cambiare il segno al –15

V $+8 + 15 = \mathbf{+23}$

IMPORTANTE:
Con la moltiplicazione bisogna lasciare i numeri relativi tra parentesi, il segno · non può essere a contatto diretto con un + o con un – .

$(\mathbf{-4 + 7 + 13 - 9}) \cdot (\mathbf{2 + 11 - 10 + 4}) - \mathbf{1} =$

$(-4 + 7 + 13 - 9) \cdot (2 + 11 - 10 + 4) - 1 =$ — risolvo le tonde

$(-13 + 20) \cdot (+17 - 10) - 1 =$

$(+7) \cdot (+7) - 1 =$ — eseguo la moltiplicazione

V $+49 - 1 = \mathbf{+48}$

$\mathbf{+7} \cdot [(\mathbf{-6 - 4}) \cdot (\mathbf{+3}) + \mathbf{11}] + (\mathbf{+12}) \cdot (\mathbf{+2}) - \mathbf{1} =$

$+7 \cdot [(-6 - 4) \cdot (+3) + 11] + (+12) \cdot (+2) - 1 =$

$+7 \cdot [(-10) \cdot (+3) + 11] + (+12) \cdot (+2) - 1 =$

$+7 \cdot [-30 + 11] + (+12) \;\; (+2) - 1 =$

$+7 \cdot [-19] + (+12) \cdot (+2) - 1 =$

$-133 + (+24) - 1 =$ — tolgo le parentesi e lascio + 24 perché fuori c'è un +

$-133 + 24 - 1$ — sommo tra loro i due numeri negativi

V $-134 + 24 = \mathbf{-110}$

IMPORTANTE:
Non confondete le tonde che contengono operazioni tipo (– 6 – 4), che hanno la precedenza, con le tonde contenenti un solo numero relativo.

$$\left[+\mathbf{27}-\mathbf{12}-\mathbf{3}\cdot(\mathbf{9}-\mathbf{15}+\mathbf{3})+(\mathbf{5}-\mathbf{9})\right]\cdot(\mathbf{8}+\mathbf{3}-\mathbf{11}-\mathbf{6})=$$

prima eseguo le tonde e sommo i numeri con lo stesso segno

$$\left[+27-12-3\cdot\underline{(9-15+3)}+\underline{(5-9)}\right]\cdot\underline{(8+3-11-6)}=$$

$$\left[+27-12-3\cdot\underline{(+12-15)}+(-4)\right]\cdot\underline{(11-17)}=$$

$$\left[27-12-\underline{3\cdot(-3)}+\underline{(-4)}\right]\cdot(-6)=$$

eseguo il prodotto di numeri e tolgo la parentesi al – 4

$$\left[\underline{27-12+9-4}\right]\cdot(-6)=$$

$$\left[36-16\right]\cdot(-6)=$$

sommo i numeri con lo stesso segno nella quadra

$$20\cdot(-6)=\mathbf{-120}$$

Adesso fate questi esercizi da soli, risolvendo le espressioni con addizioni algebriche e prodotti.

ESERCIZIO 28

A $(+3-4)\cdot(-5-7)=$

B $-6\cdot(-8)+(+3+11-15)\cdot(+2-14)=$

C $\left[-(+11-17)\cdot(-99+87)\right]-(+15+2)=$

D $-(+11-34)\cdot(3\cdot 4-15)+(9-32+57)=$

E $+5-\left[-2\cdot(44+16-51)-(+44-61)\cdot 5\right]=$

5.2.4 DIVISIONE CON I NUMERI RELATIVI INTERI

Siamo fortunati, per la divisione vale la stessa regola dei segni della moltiplicazione.

Amici, ho sempre
il mio quadrifoglio:
un po' di fortuna
con la mate ci serve!

A te più che
un po' di fortuna
servirebbe un miracolo!

Vi ricordo la regola dei segni...
E poi passiamo direttamente agli esercizi.

QUOZIENTE DI DUE NUMERI CONCORDI

$(+):(+)=(+)$ $\qquad (+4):(+2)=(+2)$

$(-):(-)=(+)$ $\qquad (-36):(-9)=(+4)$

Il quoziente di due numeri relativi concordi è **sempre positivo**.

QUOZIENTE DI DUE NUMERI DISCORDI

$(-):(+)=(-)$ $\qquad (-75):(+3)=(-25)$

$(+):(-)=(-)$ $\qquad (+25):(-5)=(-5)$

Il quoziente di due numeri relativi discordi è **sempre negativo**.

$$\mathbf{(-45):(+5):(+3) =}$$

$(-45):(+5):(+3) =$ con la divisione DOVETE rispettare la regola dei primi due

$(-9):(+3) = (\mathbf{-3})$

oppure

$(-45):(+5):(+3) =$ svolgo le operazioni dei tre numeri, dividendo il risultato della divisione dei primi due diviso il terzo

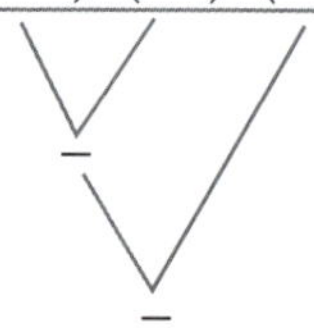

$(-45):(+5):(+3) = (\mathbf{-3})$ il segno è –

$$\mathbf{(+4-5-7):(-12+8+2) =}$$

$(+4-5-7):(-12+8+2) =$ sommiamo i numeri con lo stesso segno tra loro

$(+4-12):(-12+10) =$ facciamo le differenze dei valori assoluti ed eseguiamo la divisione

$(-8):(-2) = (\mathbf{+4})$

$$\mathbf{(-48):(+12)+(-49):(-7)+(-36):(+6) =}$$

$(-48):(+12)+(-49):(-7)+(-36):(+6) =$

$(-4)+(+7)+(-6) =$ facciamo le divisioni e togliamo le parentesi

$-4+7-6 =$ sommiamo i negativi tra loro

$-10+7 = \mathbf{-3}$

Provate a esercitarvi da soli con le divisioni:

ESERCIZIO 29

A $(+98):(-14)=$ $(-77):(-11)=$ $(-15):(+5)=$ $(+16):(+8)=$

B $(+72-28):(-36+25)=$

C $(-63):(+9)+80:(-16)-75:(-15)=$

D $(+12-5+42):(-7)+(68-40+18):(+78-55)=$

E $(-21):[-(+45):(-9)+(91-85+16):(17-6)]=$

LEZIONE III ESPRESSIONI CON LE QUATTRO OPERAZIONI

Vi sottolineo le operazioni che si devono eseguire in ogni passaggio, a questo punto dovreste essere in grado di capire. Per scelta faccio molti passaggi, rispettando rigorosamente sia le precedenze delle parentesi che quelle delle operazioni. Quando sarete più bravi potrete saltare qualche passaggio, ma attenzione a non togliere troppo in fretta le parentesi ai numeri relativi, ricordatevi che se davanti alla parentesi c'è un segno – il numero che c'è nella parentesi cambierà segno.

5

$$\mathbf{-3\cdot(-7)-\{[-5-(-2)]\cdot(-4)+(-24):(-9-3)-(+13)\}+(5-10)=}$$

$$-3\cdot(-7)-\{[-5-(-2)]\cdot(-4)+(-24):(-9-3)-(+13)\}+(5-10)=$$

$$-3\cdot(-7)-\{[-5+2]\cdot(-4)+(-24):(-12)-(+13)\}+(-5)=$$

$$-3\cdot(-7)-\{[-3]\cdot(-4)+(-24):(-12)-(+13)\}+(-5)=$$

$$-3\cdot(-7)-\{+12+(+2)-13\}+(-5)=$$

$$-3\cdot(-7)-\{+12+2-13\}+(-5)=$$

$$-3\cdot(-7)-\{+14-13\}+(-5)=$$

$$-3\cdot(-7)-\{+1\}+(-5)=$$

$$+21-1-5=$$

$$+21-6=\mathbf{+15}$$

$$\mathbf{-42:[-10-(+7-13):(-2)+(+6-11+23)-4]\cdot(+2):3=}$$

$-42:[-10-(+7-13):(-2)+(+6-11+23)-4]\cdot(+2):3=$

$-42:[-10-(-6):(-2)+(+29-11)-4]\cdot(+2):3=$

$-42:[-10-(+3)+(+18)-4]\cdot(+2):3=$

$-42:[-10-3+18-4]\cdot(+2):3=$

$-42:[-17+18]\cdot(+2):3=$

attenzione a quel meno davanti alla divisione: lasciatelo e mettete tra parentesi il risultato della divisione (+3)

$-42:[+1]\cdot(+2):3=$

$-42\cdot(+2):3=$

$-84:3=\mathbf{-28}$

DIVISIONE E MOLTIPLICAZIONE PRECEDUTA DAL SEGNO –

Nell'espressione appena svolta ho messo una nota alla **divisione preceduta dal segno meno:** $-(-6):(-2)=$

lasciate il segno – davanti ed eseguite la divisione mettendo il risultato tra parentesi: $-(+3)$

poi togliete la parentesi e sistemate i segni e ottenete **–3**

Anche la **moltiplicazione preceduta dal segno** meno si comporta come la divisione: $-(+4)\cdot(-5)=$

lasciate il segno – davanti ed eseguite la moltiplicazione mettendo il risultato tra parentesi: $-(-20)=$

poi togliete la parentesi e sistemate i segni e ottenete **+20**

$$\mathbf{-(-25-12)+[4+(-11\cdot 2-4):(+7+12-6)\cdot(-5)]=}$$

$$-(-25-12)+[4+(-11\cdot 2-4):(+7+12-6)\cdot(-5)]=$$

$$-(-37)+[4+(-22-4):(+19-6)\cdot(-5)]=$$

$$+37+[4+(-26):(+13)\cdot(-5)]=$$

$$+37+[4+(-2)\cdot(-5)]=$$

$$+37+[4+(+10)]=$$

in questo caso c'è un più davanti alla divisione, ma lasciatelo e mettete tra parentesi il risultato della divisione, così vi abituate a comportarvi sempre nello stesso modo (+10)

$$+37+[4+10]=$$

$$+37+[+14]=$$

$$+37+14=\mathbf{+51}$$

Ora vi assegno delle espressioni con tutte le 4 operazioni.

5

ESERCIZIO 30

A $(+3-8)\cdot(+4+5):(+88-73)=$

B $-[(-44+18):(+16-15+12)]\cdot[(-37-17):(+26-11-9)]=$

C $\{+7+[(+14-6+2):(+8-3)+62]\cdot[82-(-3)\cdot(-27)]-(-25)\cdot(-2)\}:3=$

D $(+14)\cdot(+10)+[-(-17)\cdot(-3)+44]\cdot[18:(-2)+36]=$

E $\{[(56-12\cdot 4)+11-22]\cdot(66-22\cdot 4)-(17+5-44)\}:(-44)=$

5.3 OPERAZIONI CON I NUMERI RELATIVI RAZIONALI (frazioni)

Anche le frazioni possono avere un segno + o un segno – davanti e seguono le stesse regole che abbiamo visto per i numeri relativi interi. Facciamo come sempre qualche esempio.

5.3.1 ADDIZIONE CON I NUMERI RELATIVI RAZIONALI

$$\left(+\mathbf{\frac{3}{5}}\right)+\left(-\mathbf{\frac{7}{10}}\right)=$$

$$\left(+\frac{3}{5}\right)+\left(-\frac{7}{10}\right)=$$

$$\frac{(+6)+(-7)}{10}=$$

$$\frac{6-7}{10}=$$

✓ $$\frac{-1}{10}=-\mathbf{\frac{1}{10}}$$

Analizziamo nel dettaglio che cosa abbiamo fatto:

- le frazioni hanno il segno davanti alla linea di frazione;
- quando si fa il m.c.d., nel nostro caso 10, si riportano al numeratore i due numeri tra parentesi con il segno (+6) e (–7);
- nel risultato il segno del numeratore (sopra) ritorna davanti alla linea di frazione.

Concludendo: il segno va apposto sempre davanti alla linea di frazione, solo quando viene fatto il denominatore comune il segno di ogni frazione passa nelle parentesi dei singoli numeratori (più avanti vi farò vedere alcuni casi particolari).

5.3.2 SOTTRAZIONE CON I NUMERI RELATIVI RAZIONALI

$$\left(+\frac{5}{4}\right)-\left(+\frac{11}{12}\right)=$$

$$\left(+\frac{5}{4}\right)-\left(+\frac{11}{12}\right)=$$

$$\frac{(+15)-(+11)}{12}=$$

$$\frac{+15-11}{12}=$$

$$+\frac{\cancel{4}^{1}}{\cancel{12}_{3}}=+\frac{1}{3}$$

In questo esercizio abbiamo fatto il m.c.d. e al numeratore abbiamo messo tra parentesi i singoli numeratori con il loro segno e, dato che si trattava di una sottrazione, il segno – davanti alla parentesi ha fatto cambiare segno a (+11) che diventa –11. Ricordate: tolgo la parentesi e aggiusto i segni!

5

5.3.3 MOLTIPLICAZIONE CON I NUMERI RELATIVI RAZIONALI

$$\left(+\frac{3}{2}\right)\cdot\left(+\frac{5}{4}\right)=$$

$$\left(+\frac{3}{2}\right)\cdot\left(+\frac{5}{4}\right)=\frac{15}{8}$$

Per il prodotto non ci sono considerazioni particolari da fare: seguite la regola dei segni e lasciate il segno davanti a ogni frazione.

5.3.4 DIVISIONE CON LE FRAZIONI

$$\left(-\frac{\mathbf{15}}{\mathbf{4}}\right):\left(+\frac{\mathbf{7}}{\mathbf{3}}\right)=$$

$$\left(-\frac{15}{4}\right):\left(+\frac{7}{3}\right)=$$

✓ $$\left(-\frac{15}{4}\right)\cdot\left(+\frac{3}{7}\right)=-\frac{\mathbf{45}}{\mathbf{28}}$$

Dato che la divisione deve essere trasformata in un prodotto, valgono le regole del prodotto.

LEZIONE IV ESPRESSIONI ALGEBRICHE CON LE FRAZIONI

$$\left(\frac{\mathbf{7}}{\mathbf{5}}-\frac{\mathbf{4}}{\mathbf{15}}+\frac{\mathbf{2}}{\mathbf{3}}\right)-\left(-\frac{\mathbf{11}}{\mathbf{10}}+\frac{\mathbf{3}}{\mathbf{20}}\right)=$$

$$\left(\frac{7}{5}-\frac{4}{15}+\frac{2}{3}\right)-\left(-\frac{11}{10}+\frac{3}{20}\right)=$$

nelle espressioni non viene messa la parentesi ad ogni frazione

$$\frac{21-4+10}{15}-\frac{-22+3}{20}=$$

il segno meno (–) indica sottrazione. Avere un – davanti alla linea di frazione equivale ad avere un – davanti ad una parentesi

$$\frac{+31-4}{15}-\frac{-19}{20}=$$

–19 diventa +19

$$+\frac{\cancel{27}^{9}}{\cancel{15}_{5}}+\frac{19}{20}=$$

✓ $$\frac{36+19}{20}=\frac{\cancel{55}^{11}}{\cancel{20}_{4}}=\frac{\mathbf{11}}{\mathbf{4}}$$

SEGNO – DAVANTI ALLA LINEA DI FRAZIONE
LIVELLO 1

$$-\frac{-3}{4} = +\frac{3}{4}$$

Quando c'è un segno meno davanti alla linea di frazione dovremmo prima riportare davanti alla linea il segno del 3 : $-\left(-\frac{3}{4}\right)$ e poi cambiare segno quando togliamo la parentesi, perché davanti c'è un meno. Se riuscite fatelo in un unico passaggio.

È davvero un gioco da ragazzi!

Su Marco, non perderti d'animo, le frazioni non sono mai state il tuo forte! Dobbiamo fare un po' di esercizi, così esaminiamo caso per caso.

E il mio che caso è?

Un caso disperato!

$$\left(\mathbf{3}-\frac{\mathbf{1}}{\mathbf{4}}-\frac{\mathbf{5}}{\mathbf{12}}\right)\cdot\left(-\frac{\mathbf{7}}{\mathbf{6}}+\frac{\mathbf{1}}{\mathbf{18}}-\frac{\mathbf{23}}{\mathbf{36}}\right)=$$

$$\left(3-\frac{1}{4}-\frac{5}{12}\right)\cdot\left(-\frac{7}{6}+\frac{1}{18}-\frac{23}{36}\right)=$$

$$\frac{36-3-5}{12}\cdot\frac{-42+2-23}{36}=$$ 1° passaggio

$$\frac{36-8}{12}\cdot\frac{-65+2}{36}=$$ 2° passaggio

V $$\frac{\cancel{28}^{7}}{\cancel{12}_{4}}\cdot\frac{\cancel{-63}^{\cancel{21}^{7}}}{\cancel{36}_{\cancel{9}_{3}}}=-\frac{\mathbf{49}}{\mathbf{12}}$$ 3° passaggio

Scusa mi puoi spiegare cos'hai fatto?
Io sono ancora fermo al primo passaggio!

Ok, rivediamo le regole applicate in ogni passaggio:

Primo passaggio
Nella prima parentesi ho trovato il minimo comune denominatore (m.c.d.) tra 4 e 12, che è 12, poi ho messo a posto i numeratori:
il 3 al denominatore ha 1 sottinteso e il calcolo è 12 : 1 × 3 = 36

$\frac{1}{4}$ si trasforma facendo 12 : 4 × 1 = 3

$\frac{5}{12}$ non si trasforma perche il m.c.d. è 12

Nella seconda parentesi ho trovato il minimo comune denominatore (m.c.d.) tra 6, 18 e 36, che è 36, poi ho messo a posto i numeratori:

$\frac{7}{6}$ si trasforma facendo 36 : 6 × 7 = 42

$\frac{1}{18}$ si trasforma facendo 36 : 18 × 1 = 2

$\frac{23}{36}$ non si trasforma perché il m.c.d. è 36

Così è chiaro?
Abbiamo ripassato il minimo comun denominatore...

Secondo passaggio
Ho sommato i numeratori che hanno lo stesso segno (somma algebrica):
nella prima frazione – 3 e – 5,
nella seconda frazione – 42 e – 23.

Terzo passaggio
Ho finito il calcolo: nella prima frazione non ho messo il segno perché il + si può non mettere, nella seconda frazione ho lasciato il segno – al numeratore e non l'ho messo davanti per non farlo stare a contatto con il ·

(ricordate, vi ho detto che è meglio non scrivere così: $\cdot -\frac{63}{36}$)

Poi ho semplificato i prodotti e ho messo il risultato.

Consiglio, come sempre, di rifare questi esercizi da soli e alla fine di confrontarli con i miei, così se per caso sbagliate (spero di no!) potete capire che errore avete fatto e state tranquilli: non lo rifarete più, perché...
"Errore ragionato, errore evitato!".

Tutta saggezza questa sorella!

$$-\left[-\left(\frac{3}{4}+\frac{4}{3}\right):\left(\frac{7}{2}+\frac{11}{4}\right)\right]+\frac{17}{8}\cdot\left(-\frac{16}{34}\right)=$$

$$-\left[-\left(\frac{3}{4}+\frac{4}{3}\right):\left(\frac{7}{2}+\frac{11}{4}\right)\right]+\frac{17}{8}\cdot\left(-\frac{16}{34}\right)=$$

$$-\left[-\frac{9+16}{12}:\frac{14+11}{4}\right]+\frac{17}{8}\cdot\left(-\frac{16}{34}\right)=$$

$$-\left[-\frac{25}{12}:\frac{25}{4}\right]+\frac{17}{8}\cdot\left(-\frac{16}{34}\right)=$$

$$-\left[-\frac{\cancel{25}^{1}}{\cancel{12}_{3}}\cdot\frac{\cancel{4}^{1}}{\cancel{25}_{1}}\right]+\frac{\cancel{17}^{1}}{\cancel{8}_{1}}\cdot\left(-\frac{\cancel{16}^{\cancel{2}^{1}}}{\cancel{34}_{\cancel{2}_{1}}}\right)=$$

$$-\left[-\frac{1}{3}\right]-1=$$

$$+\frac{1}{3}-1=\frac{+1-3}{3}=-\frac{2}{3}$$

SEGNO – DAVANTI ALLA LINEA DI FRAZIONE LIVELLO 2

I segni meno davanti alle parentesi, ora che siete più bravi, se volete potete interpretarli come un prodotto di segni, cioè :

$$-\left[-\frac{1}{3}\right]-1=$$

meno per meno = più
Invece di pensare che un – davanti a una parentesi faccia cambiare segno, siete liberi di scegliere la strada che più vi si addice.
Basta che alla fine il risultato sia giusto!

Adesso potete provare a fare gli esercizi da soli. Risolvete le seguenti espressioni con numeri razionali relativi.

ESERCIZIO 31

A $\left(-\frac{3}{4}+\frac{7}{12}-\frac{5}{16}\right)\cdot\frac{3}{46}+\frac{5}{16}=$

B $\left(+\frac{12}{7}-\frac{5}{21}\right)\cdot\frac{42}{31}-\frac{6}{7}=$

C $\left[-\left(\frac{4}{13}+\frac{44}{26}\cdot\frac{1}{2}\right):\frac{5}{39}\right]+2=$

D $\left[+\frac{1}{2}-\left(\frac{4}{15}\cdot\frac{3}{8}+\frac{2}{5}\right):\left(-\frac{3}{4}\right)\right]+\frac{11}{12}=$

E $-\left\{-\left[-2\cdot\left(\frac{3}{8}\right)+\frac{11}{16}-\left(+\frac{7}{25}-\frac{6}{15}\right)\right]:\frac{1}{4}\right\}=$

5.4
POTENZE DI NUMERI RELATIVI

Quando eleviamo a potenza un numero relativo dobbiamo considerare sia il segno della base che quello dell'esponente. Per ora consideriamo solo esponenti positivi ai quali non metteremo segno, perché è sottinteso, e distinguiamo quattro casi.

BASE POSITIVA ED ESPONENTE PARI

base positiva & esponente pari ⟶ potenza +

$(+3)^2 = (+3) \cdot (+3) = (+9)$

Elevare una base positiva a esponente pari significa moltiplicare il segno + per se stesso un numero pari di volte e quindi ottenere come risultato una potenza positiva +

BASE POSITIVA ED ESPONENTE DISPARI

base positiva & esponente dispari ⟶ potenza +

$(+3)^3 = (+3) \cdot (+3) \cdot (+3) = (+27)$

Elevare una base positiva a esponente dispari significa moltiplicare il segno + per se stesso un numero dispari di volte e quindi ottenere come risultato una potenza positiva +

BASE NEGATIVA ED ESPONENTE PARI

base negativa & esponente pari ⟶ potenza +

$(-4)^2 = (-4) \cdot (-4) = (+16)$

Elevare una base negativa a esponente pari significa moltiplicare il segno – per se stesso un numero pari di volte e quindi ottenere come risultato una potenza positiva +

BASE NEGATIVA ED ESPONENTE DISPARI

base negativa & esponente dispari ⟶ **potenza –**

$(-2)^3 = (-2) \cdot (-2) \cdot (-2) = (-8)$

Elevare una base negativa a esponente dispari significa moltiplicare il segno – per se stesso un numero dispari di volte e quindi ottenere come risultato una potenza negativa –

IMPORTANTE:
L'unico caso di potenza negativa è dato da base negativa con esponente dispari.
Ecco qualche altro esempio:

$(-5)^2 = +25$ $(+5)^2 = +25$

$(-5)^3 = -125$ $(+5)^3 = +125$

ELEVAMENTO A POTENZA: QUALCHE CASO PARTICOLARE

Qualsiasi numero relativo **elevato a zero** avrà come risultato +1:

$(+3)^0 = +1$ $(-3)^0 = +1$

Qualsiasi numero relativo elevato a 1 avrà come risultato se stesso:

$(+3)^1 = +3$ $(-3)^1 = -3$

$-4^2 = -16$ se il segno – precede la potenza senza alcuna parentesi allora non partecipa all'elevamento a potenza

Il segno davanti alla linea di frazione non partecipa all'elevamento a potenza:

$-\frac{3^2}{2} = -\frac{9}{2}$ viene elevato a potenza solo 3^2

5

5.4.1 LE PROPRIETÀ DELLE POTENZE

Anche per i numeri relativi valgono le proprietà delle potenze viste per i numeri interi e per le frazioni. Per applicare le proprietà delle potenze aventi basi uguali, le basi devono avere stesso segno e stesso valore assoluto.

PRODOTTO DI POTENZE CON UGUAL BASE

$(+3)^2 \cdot (+3)^3 = (+3)^{2+3} = (+3)^5 = +243$

$(-3)^2 \cdot (-3)^3 = (-3)^{2+3} = (-3)^5 = -243$

$\left(+\frac{3}{2}\right)^2 \cdot \left(+\frac{3}{2}\right)^3 = \left(+\frac{3}{2}\right)^{2+3} = \left(+\frac{3}{2}\right)^5 = +\frac{243}{32}$

$\left(-\frac{3}{2}\right)^2 \cdot \left(-\frac{3}{2}\right)^3 = \left(-\frac{3}{2}\right)^{2+3} = \left(-\frac{3}{2}\right)^5 = -\frac{243}{32}$

QUOZIENTE DI POTENZE CON UGUAL BASE

$(+2)^3 : (+2)^2 = (+2)^{3-2} = (+2)^1 = +2$

$(-2)^3 : (-2)^2 = (-2)^{3-2} = (-2)^1 = -2$

$\left(+\frac{2}{3}\right)^3 : \left(+\frac{2}{3}\right)^2 = \left(+\frac{2}{3}\right)^{3-2} = \left(+\frac{2}{3}\right)^1 = +\frac{2}{3}$

$\left(-\frac{2}{3}\right)^3 : \left(-\frac{2}{3}\right)^2 = \left(-\frac{2}{3}\right)^{3-2} = \left(-\frac{2}{3}\right)^1 = -\frac{2}{3}$

In questi casi non dobbiamo avere particolari accorgimenti se non calcolare la potenza finale seguendo le regole dei segni delle potenze dei numeri relativi.

PRODOTTO DI POTENZE CON DIVERSA BASE E UGUAL ESPONENTE

Si moltiplicano le basi e l'esponente rimane lo stesso esponente.

$$(+4)^2 \cdot (-5)^2 = (-20)^2 = +400$$

$$(-4)^2 \cdot (+5)^2 = (-20)^2 = +400$$

$$\left(+\frac{3}{5}\right)^2 \cdot \left(+\frac{4}{7}\right)^2 = \left(+\frac{12}{35}\right)^2 = +\frac{144}{1225}$$

$$\left(-\frac{3}{5}\right)^2 \cdot \left(-\frac{4}{7}\right)^2 = \left(+\frac{12}{35}\right)^2 = +\frac{144}{1225}$$

QUOZIENTE DI POTENZE CON DIVERSA BASE E UGUAL ESPONENTE

Si dividono le basi e l'esponente rimane lo stesso esponente.

$$(+4)^3 : (+2)^3 = (+2)^3 = +8$$

$$(-4)^3 : (-2)^3 = (+2)^3 = +8$$

$$\left(+\frac{2}{3}\right)^3 : \left(-\frac{3}{2}\right)^3 = \left[+\frac{2}{3} \cdot \left(-\frac{2}{3}\right)\right]^3 = \left(-\frac{4}{9}\right)^3$$

$$\left(-\frac{2}{3}\right)^3 : \left(+\frac{3}{2}\right)^3 = \left[-\frac{2}{3} \cdot \left(+\frac{2}{3}\right)\right]^3 = \left(+\frac{4}{9}\right)^3$$

POTENZA DI UNA POTENZA CON ESPONENTE POSITIVO

Si moltiplicano gli esponenti e si eleva seguendo le regole dei numeri relativi.

$$\left[(-3)^2\right]^3 = [-3]^6 = +729$$

$$\left\{\left[(+3)^2\right]^2\right\}^2 = \{+3\}^8 = +6561$$

POTENZE CON ESPONENTE NEGATIVO

In questo caso, dobbiamo trasformare la potenza in un'altra potenza avente esponente positivo e quindi seguire le regole viste sopra. Possiamo distinguere due casi:

A. SE LA BASE È UN NUMERO INTERO:

$(+2)^{-3} =$

Primo modo: la potenza con esponente negativo si trasforma in una potenza con esponente positivo capovolgendo la base (inverso della base), considerandola come una frazione avente 1 al denominatore $\left(+\frac{2}{1}\right)$.

✓ $(+2)^{-3} = \frac{1}{(+2)^3} = +\mathbf{\frac{1}{8}}$

Secondo modo: la potenza con esponente negativo viene considerata come numero intero e la si mette al denominatore di una frazione avente 1 al numeratore, cambiando segno all'esponente:

✓ $(+2)^{-3} = \frac{1}{(+2)^3} = +\mathbf{\frac{1}{8}}$

B. E LA BASE È UNA FRAZIONE:

✓ $\left(+\frac{2}{3}\right)^{-3} = \left(+\frac{3}{2}\right)^{3} = \left(+\mathbf{\frac{27}{8}}\right)$

Si capovolge direttamente la frazione e si mette l'esponente positivo.

MAGIA: QUOZIENTE DI POTENZE AVENTI LA STESSA BASE E IL DIVIDENDO CON ESPONENTE MINORE DEL DIVISORE

A questo punto è possibile fare divisioni di potenze aventi la stessa base e diverso esponente, anche quando il dividendo ha esponente minore del divisore:

$$(+4)^2 : (+4)^5 = (+4)^{2-5} = (+4)^{-3} = \frac{1}{(4)^3} = +\frac{1}{64}$$

$$\left(+\frac{2}{3}\right)^2 : \left(+\frac{2}{3}\right)^3 = \left(+\frac{2}{3}\right)^{2-3} = \left(+\frac{2}{3}\right)^{-1} = +\frac{3}{2}$$

Su ragazzi, l'algebra è divertente!!!

Marco hai finito di lamentarti?

Ma come si fa a ricordare tutte queste "regolette" come le chiami tu?

Facendo tanto esercizio e non perdendosi d'animo, ora facciamo delle espressioni dove metteremo tutto insieme ed esamineremo alcuni casi particolari... Pronti? Si parte.

Certo che è proprio vero che partire è un po' morire!

$$(-\mathbf{5})^4 : (-\mathbf{5})^7 =$$

$$(-5)^4 : (-5)^7 = (-5)^{4-7} = (-5)^{-3} = \frac{1}{(-5)^3} = \frac{1}{-125} = -\frac{\mathbf{1}}{\mathbf{125}}$$

Il segno meno al denominatore di una frazione può essere portato davanti alla frazione, vediamo perché dato che con le potenze capiterà spesso...

SEGNO MENO IN UNA FRAZIONE

Dato che una frazione è una divisione tra due numeri possono capitare i seguenti casi:

Primo caso (segno negativo al denominatore e al numeratore)

$\frac{-6}{-5} = +\frac{6}{5} \longrightarrow$ Perché? Perché è come se ci fosse scritto: (– 6) : (– 5) e (– diviso –) = +

Quindi, nel caso della frazione, riportiamo il + davanti alla linea di frazione.

Secondo caso (segno negativo al numeratore)

$\frac{-5}{6} = -\frac{5}{6} \longrightarrow$ è come se fosse: (– 5) : (6) e (– diviso +) = –

Terzo caso (segno negativo al denominatore)

$\frac{5}{-6} = -\frac{5}{6} \longrightarrow$ è come se fosse: (5) : (– 6) e (+ diviso –) = –

Quarto caso (segno negativo al denominatore e prima della frazione)

$-\frac{5}{-6} = +\frac{5}{6} \longrightarrow$ è come se fosse: – (5) : (– 6) e abbiamo un – davanti a (+ : –) = – (–) = +

$$\left(+\frac{1}{5}\right)^4 \cdot \left(+\frac{1}{5}\right)^2 \cdot \left(+\frac{1}{5}\right) =$$

$$\left(+\frac{1}{5}\right)^4 \times \left(+\frac{1}{5}\right)^2 \times \left(+\frac{1}{5}\right) = \left(+\frac{1}{5}\right)^{4+2+1} = \left(+\frac{1}{5}\right)^7$$

Quando gli esponenti superano il 5, in questi esercizi non calcoliamo la potenza. Anche i matematici lasciano espressi i grandi numeri sotto forma di potenza, ingombrano meno e sono più belli da vedere:

$$\left[\left(-\frac{1}{2}+\frac{3}{2}-\frac{5}{4}\right)^2 : \frac{7}{16} + \left(1-\frac{1}{3}-\frac{1}{6}\right)^2\right]^2 =$$ prima le tonde

$$\left[\left(\frac{-2+6-5}{4}\right)^2 : \frac{7}{16} + \left(\frac{6-2-1}{6}\right)^2\right]^2 =$$

$$\left[\left(\frac{-7+6}{4}\right)^2 : \frac{7}{16} + \left(\frac{6-3}{6}\right)^2\right]^2 =$$

$$\left[\left(-\frac{1}{4}\right)^2 \cdot \frac{16}{7} + \left(\frac{\cancel{3}^{1}}{\cancel{6}_{2}}\right)^2\right]^2 =$$

se non possiamo applicare le proprietà delle potenze eleviamo a potenza

$$\left[+\frac{1}{\cancel{16}_{1}} \cdot \frac{\cancel{16}^{1}}{7} + \frac{1}{4}\right]^2 =$$

$$\left[+\frac{1}{7}+\frac{1}{4}\right]^2 = \left[\frac{4+7}{28}\right]^2 = \left[\frac{11}{28}\right]^2 = +\frac{\mathbf{121}}{\mathbf{784}}$$

5

$$\left[\left(-\frac{1}{4}\right)^{-2}\right]^{-2} : \left(-\frac{1}{4}\right)^{3} + \left[\left(-\frac{1}{2}\right)^{-1}\right]^{-2} =$$

$$\left[\left(-\frac{1}{4}\right)^{-2}\right]^{-2} : \left(-\frac{1}{4}\right)^{3} + \left[\left(-\frac{1}{2}\right)^{-1}\right]^{-2} =$$

nel caso di potenza di potenza si moltiplicano gli esponenti $(-2)\cdot(-2) = +4$ e $(-1)\cdot(-2) = +2$

$$\left[-\frac{1}{4}\right]^{4} : \left(-\frac{1}{4}\right)^{3} + \left[-\frac{1}{2}\right]^{2} =$$

nel caso di divisione di potenze con ugual base si fa $+4-(+3) = +4-3 = 1$

$$\left[-\frac{1}{4}\right]^{4-3} + \frac{1}{4} =$$

✓ $$\left[-\frac{1}{4}\right]^{1} + \frac{1}{4} = -\frac{1}{4} + \frac{1}{4} = \mathbf{0}$$

$$\left[3 - \frac{1}{3^2}\cdot\left(-\frac{3^2}{2}\right)\right] : \left(\frac{1}{4}+2\right) - \frac{2}{(-3)^3} =$$

$$\left[3 - \frac{1}{3^2}\cdot\left(-\frac{3^2}{2}\right)\right] : \left(\frac{1}{4}+2\right) - \frac{2}{(-3)^3} =$$

si eleva solo $3^2 = 9$ e si eleva solo $3^2 = 9$

base negativa con esponente dispari = potenza negativa = -27

$$\left[3 - \frac{1}{9}\cdot\left(-\frac{9}{2}\right)\right] : \left(\frac{1+8}{4}\right) - \frac{2}{-27} =$$

prodotto di $- \cdot - = +$

$$\left[3 - \frac{1}{\cancel{9}_1}\cdot\left(-\frac{\cancel{9}^1}{2}\right)\right] : \left(\frac{9}{4}\right) - \frac{2}{-27} =$$

− davanti alla linea e − sotto = +

$$\left[3 + \frac{1}{2}\right] : \left(\frac{9}{4}\right) + \frac{2}{27} =$$

$$\frac{6+1}{2}\cdot\frac{4}{9} + \frac{2}{27} =$$

✓ $$\frac{7}{\cancel{2}_1}\cdot\frac{\cancel{4}^2}{9} + \frac{2}{27} = \frac{14}{9} + \frac{2}{27} = \frac{42+2}{27} = \mathbf{\frac{44}{27}}$$

Dopo queste espressioni, penso abbiate un'idea di quello che può capitare in questi esercizi... Adesso lavorate da soli: se siete in difficoltà date un'occhiata alle regole e agli esercizi svolti e applicate le proprietà delle potenze.

ESERCIZIO 32

A $(-5)\cdot(-5)^2=$ $(+4)^2\cdot(+4)^3=$ $\left(+\frac{3}{2}\right)^4\cdot\left(+\frac{3}{2}\right)=$ $\left(-\frac{2}{5}\right)^3\cdot\left(-\frac{2}{5}\right)^3=$

B $(-21)^2:(-7)^2=$ $(+9)^3:(+9)^2=$ $\left(+\frac{3}{2}\right)^4:\left(+\frac{3}{2}\right)^3=$ $(+54)^3:(-9)^3=$

C $\left[(-3)^2\right]^3=$ $\left[(+3)^2\right]^3=$ $\left[(-3)^1\right]^3=$ $\left[(-3)^{-2}\right]^3=$ $\left[(-3)^{-2}\right]^{-3}=$

D $\left(-\frac{1}{2}\right)^4:\left(+\frac{3}{4}\right)^4=$ $\left(-\frac{1}{2}\right)^4:\left(-\frac{1}{2}\right)^{-3}=$ $\left[\left(+\frac{3}{2}\right)^2:\left(+\frac{3}{2}\right)^{-3}\right]^2=$

E $\left[(+4)^2:(+4)^4\right]^{-2}=$ $\left[(+4)^2:(+4)^4\cdot(+4)^{-2}\cdot(+4)^3\right]^{-2}=$

Eseguite le seguenti espressioni con numeri relativi e potenze.

ESERCIZIO 33

A $\left[\left(-\frac{1}{3}\right)^2\cdot\left(-\frac{3}{4}\right)+\frac{1}{2}\cdot\left(\frac{4}{3}\right)^2-\left(-\frac{1}{3}\right)^2\cdot\left(+\frac{6}{5}\right)\right]:\left(-\frac{1}{2}\right)^3=$

B $\left[\left(-\frac{1}{5}-\frac{1}{3}\right)^2:\left(-\frac{4}{3}\right)-\frac{1}{3}+\frac{1}{2}\right]:\frac{3^2}{5}+\frac{2}{9}=$

C $3-\left[\left(\frac{1}{3}\right)^4:\left(\frac{1}{3}\right)^2+\frac{1}{2}\cdot\left(\frac{5}{4}-1\right)\right]:\left[\left(-\frac{1}{6}\right)^2\cdot\left(-\frac{1}{6}\right)^{-3}\right]^{-2}=$

D $\left(3-\frac{7}{2}\right)-\left(\frac{5}{6}\right)^2:\left[\frac{16}{9}-\left(+\frac{9}{4}\right)+\left(\frac{1}{3}\right)^2:\left(\frac{1}{3}\right)\right]+\left[3-\frac{1}{5}\cdot\left(\frac{25}{4}\right)\right]=$

E $\left\{-\frac{4}{5^2}+\left[\left(-\frac{1}{3}+\frac{6}{5}-\frac{2}{15}\right)^2:\left(+\frac{11}{15}\right)^4\right]^{-2}:\left(\frac{11}{15}\right)^3\right\}-\left(\frac{2}{75}+\frac{1}{25}\right)=$

5.5
ALGEBRA CON LE LETTERE

La matematica non è fatta solo di numeri e dobbiamo abituarci a usare sempre di più le lettere. Fin dal primo capitolo abbiamo espresso grandezze con lettere, ricordate i problemi con il metodo grafico? "La somma di due numeri è..." e i due numeri li abbiamo chiamati A e B, avremmo potuto chiamarli Gianni e Pinotto o sig. Bianchi e sig. Rossi, ma per comodità li abbiamo chiamati A e B. Possiamo usare lettere anche in espressioni dette "letterali" nelle quali bisogna attribuire un valore a ciascuna di esse e calcolare il risultato. ($a + b - c =$ con $a = 2$, $b = 3$ e $c = 4$. Ora al posto delle lettere sostituiamo il loro valore e calcoliamo il risultato: $(a) + (b) - (c) = 2 + 3 - 4 = 1$)

5.5.1 I MONOMI

Espressioni letterali particolari sono i monomi. Si definisce monomio un'espressione algebrica contenente solo moltiplicazioni, divisioni e potenze. Detto così ci aspettiamo di trovare una lunga espressione algebrica, ma in realtà **3a è un monomio**:

- scrivere **3a** è come scrivere **3·a**, ma il simbolo · non viene messo;
- scrivere $\frac{2a}{b}$ è come scrivere $\mathbf{2 \cdot a : b}$;
- scrivere $\mathbf{3a^2b^3c^4}$ è come scrivere $\mathbf{3 \cdot a^2 \cdot b^3 \cdot c^4}$.

In tutti questi monomi sono sottintesi i simboli delle operazioni "per" e "diviso" e sono presenti gli esponenti delle lettere.

Le parti che compongono un monomio sono:

3ab → PARTE LETTERALE

↓

COEFFICIENTE (PARTE NUMERICA)

I monomi possono essere interi o frazionari. Vediamoli.

Monomi interi
Le lettere compaiono solo al numeratore (sopra).

Sono esempi di monomi interi:

$14\,xy \qquad \frac{3}{4}a^2bx^3 \qquad -72\,a^3c^4y^5$

Monomi frazionari
Le lettere compaiono anche al denominatore (sotto).

Sono esempi di monomi frazionari:

$\frac{3ac}{b^2} \qquad +5a^{-2}b^{-3}c \qquad \frac{1}{2}\,bc^3$

Aiutoooo!

Sei già in crisi Marco?

Credo tu abbia fatto un errore.

Difficile, ma prova a dire.

Hai messo nei monomi interi $\frac{3}{4}a^2bx^3$ *e dato che c'è una frazione tanto intero non mi sembra!*

Osservazione interessante, ma $\frac{3}{4}a^2bx^3$ *è un monomio intero, se rileggi quello che ho detto a proposito dei monomi frazionari ti accorgerai di essere stato troppo superficiale e forse frettoloso: per essere un monomio frazionario deve avere le lettere al denominatore e questo non le ha.*

Oh, non riesco a fregarla, ma ci riuscirò prima della fine! E quelli con le lettere con esponente negativo perché li hai messi con i frazionari?

Forse qui hai ragione, è troppo difficile per la tua testolina collegare quanto detto sulle potenze con esponente negativo ai monomi.
Provo a schiacciare "rewind"!

L'ho già visto 'sto rewind...

Riavvolgo, torno indietro!
Quando abbiamo visto le potenze con esponente negativo abbiamo fatto questo esempio:

$$(+2)^{-3} = \frac{1}{(+2)^{3}} = +\frac{\mathbf{1}}{\mathbf{8}}$$

nel quale si può vedere che la potenza negativa è passata al denominatore con esponente positivo. Se al posto dei numeri mettiamo le lettere guardate cosa succede:

$$a^{-2} = \frac{1}{a^{2}}$$

ecco perché quando in un monomio ci sono lettere con esponente negativo il monomio è frazionario, perché è come se le lettere fossero al denominatore.
Vediamo altre "regolette" che ci aiuteranno a capire come comportarci negli esercizi con i monomi...

Interessante il "rewind" forse lo devi fare un po' più spesso!

GRADO DI UN MONOMIO

Rispetto ad una lettera
è l'esponente al quale è elevata la lettera:
$3a^3b^2$ grado rispetto ad **a** = 3
$3a^3b^2$ grado rispetto a **b** = 2

Complessivo
è la somma degli esponenti di tutte le lettere del monomio:
$3a^3b^2$ grado complessivo = 3 + 2 = 5

MONOMI SIMILI

Due o più monomi sono simili quando hanno la stessa parte letterale:
$3a$ è simile a $-6a$

$-\frac{4}{5}b^3c^4$ è simile a $+2b^3c^4$

Attenzione: la parte letterale deve avere sia lettera che esponente uguale.

MONOMI OPPOSTI

Due monomi sono opposti quando hanno la stessa parte letterale (simili) e coefficiente opposto:
$+6xy$ è opposto a $-6xy$

$-\frac{3}{2}xy$ è opposto a $+\frac{3}{2}xy$

5.5.2 ADDIZIONE ALGEBRICA DI MONOMI

Ricordate? Con addizione algebrica si intendono le operazioni di somma di numeri relativi con segno + e –

Possiamo sommare solo monomi simili.

A questo punto mi permetto di fare un paragone tra i monomi e gli ortaggi.

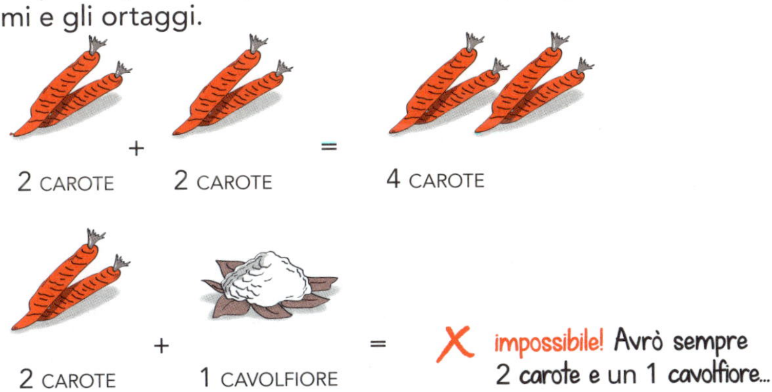

Possiamo addizionare solo verdure dello stesso tipo.

Invece che con gli ortaggi, non puoi fare un paragone con un frutto?

Perché?

Perché io non ci capisco un fico secco!

Per forza, al posto della testa hai un cocomero!

Per i monomi è come per le verdure; la parte letterale **ab** non è dello stesso tipo della parte **ac**, ma neanche della parte $\mathbf{a^2b^3}$.
Per poter essere sommati i monomi devono avere la parte letterale identica, cioè con le stesse lettere e con gli stessi esponenti.

Come abbiamo visto per la verdura, la parola "carote" quando sommiamo non cambia:
2 carote + 2 carote = 4 carote
così anche:
2ab + 2ab = 4ab
la parte letterale non partecipa alla somma algebrica, ma serve solo a specificare che i due monomi sono dello stesso tipo, come le verdure.

Per comprendere meglio, facciamo qualche esempio:

3xy + 6xy – 5xy + 2xy =

3xy + 6xy – 5xy + 2xy =
✓ 11xy – 5xy = **+6xy** addizioniamo i coefficienti, secondo le regole già viste prima

$$\mathbf{\frac{3}{4}ab + \frac{5}{2}ab - \frac{7}{8}ab =}$$

$$\left(\frac{3}{4} + \frac{5}{2} - \frac{7}{8}\right)ab =$$ si dice "raccolgo i coefficienti"

$$\frac{6 + 20 - 7}{8}ab =$$

$$\frac{+26 - 7}{8}ab = +\mathbf{\frac{19}{8}}\boldsymbol{ab}$$

$$\mathbf{-7a^2x^4 + 11a^2x^4 - 9a^2x^4 =}$$

$$-7a^2x^4 + 11a^2x^4 - 9a^2x^4 =$$

$$-16a^2x^4 + 11a^2x^4 = \mathbf{-5a^2x^4}$$

Vediamo cosa succede quando in un'espressione compaiono più tipi di monomi simili tra loro...

$$\mathbf{3a + 5b + 2b - 4a - 6b + 15a =}$$

$$3a + 5b + 2b - 4a - 6b + 15a =$$ per prima cosa dovete sottolineare i monomi simili con simboli uguali (a vostra scelta)

$$(3 - 4 + 15)a + (5 + 2 - 6)b =$$ si raccolgono i coefficienti dei monomi simili mettendoli tra parentesi e tra una parentesi e l'altra si mette il segno +

$$(18 - 4)a + (7 - 6)b =$$

$$(+14)a + (+1)b = \mathbf{14a + b}$$ ottenuto il risultato si tolgono le parentesi

Questa risoluzione è stata fatta volutamente con tanti passaggi per farvi capire come operare.

IMPORTANTE:
Quando si hanno espressioni di questo tipo, con solo coefficienti interi, il calcolo può essere fatto dai più bravi anche mentalmente: $3a + 5b + 2b - 4a - 6b + 15a =$ $\mathbf{+14a + b}$
Basta sommare mentalmente i monomi con **a** tra loro e quelli con **b** tra loro.

Marco, fai la strada lunga mi raccomando!

$$\frac{2}{5}\mathbf{abx} + \frac{7}{6}\mathbf{cz} - \frac{11}{10}\mathbf{abx} - 4\mathbf{a}^2 - \frac{5}{12}\mathbf{cz} + \frac{1}{2}\mathbf{a}^2 =$$

✓ si sottolineano i monomi simili con simboli uguali

$$\frac{2}{5}abx + \frac{7}{6}cz - \frac{11}{10}abx - 4a^2 - \frac{5}{12}cz + \frac{1}{2}a^2 =$$

✓ si raccolgono i coefficienti dei monomi simili e si mette tra una parentesi e l'altra il segno +

$$\left(\frac{2}{5} - \frac{11}{10}\right)abx + \left(\frac{7}{6} - \frac{5}{12}\right)cz + \left(-4 + \frac{1}{2}\right)a^2 =$$

quando fate il m.c.d. (minimo comun denominatore) nelle frazioni potete togliere le parentesi

$$\frac{4-11}{10}abx + \frac{14-5}{12}cz + \frac{-8+1}{2}a^2 =$$

mettete il segno dei numeratori davanti alle frazioni; il segno + che abbiamo messo noi per separare i monomi alla fine viene tolto

$$= -\frac{7}{10}abx + \frac{9}{12}cz - \frac{7}{2}a^2$$

✓ QUESTO È IL RISULTATO

IMPORTANTE:
La somma algebrica di monomi non simili tra loro rimane espressa così:

$$-\frac{7}{10}abx + \frac{9}{12}cz - 7a^2$$

si affiancano i monomi senza poter più fare altro

Abituiamoci, quindi, ad avere risultati formati da più monomi non simili tra loro. Facciamo ancora un esempio e poi vi lascio lavorare da soli...

$$\mathbf{+7b - \left(-\frac{5}{2}a^3b\right) + \frac{4}{9}x - \frac{1}{2}b - \left(\frac{7}{4}a^3b\right) + 3x =}$$

$$+7b - \left(-\frac{5}{2}a^3b\right) + \frac{4}{9}x - \frac{1}{2}b - \left(\frac{7}{4}a^3b\right) + 3x =$$

✓ prima si tolgono le parentesi e si mettono a posto i segni, poi si sottolineano i monomi simili con simboli uguali

$$+7b + \frac{5}{2}a^3b + \frac{4}{9}x - \frac{1}{2}b - \frac{7}{4}a^3b + 3x =$$

✓ si raccolgono i coefficienti dei monomi simili e si mette tra una parentesi e l'altra il segno +

$$\left(+7 - \frac{1}{2}\right)b + \left(+\frac{5}{2} - \frac{7}{4}\right)a^3b + \left(+\frac{4}{9} + 3\right)x =$$

$$\frac{+14-1}{2}b + \frac{+10-7}{4}a^3b + \frac{4+27}{9}x = \qquad \text{si calcola il m.c.d.}$$

✓ $$\mathbf{= +\frac{13}{2}b + \frac{3}{4}a^3b + \frac{31}{9}x} \longrightarrow \text{questo è il risultato}$$

5

Eseguite ore le seguenti addizioni algebriche con monomi.

ESERCIZIO 34

A $15ab - 7xy + 3ab + 11xy - 17ab - 4xy =$

B $3a^2b + 25abx - 7a^2b + 5a^2b - 16abx =$

C $\frac{1}{2}a^2bc - \frac{7}{2}a^2bc + \frac{3}{4}a^2bc =$

D $+4xy^2 - 2xy + 11xy^2 - 6xy - 7xy^2 + 19xy =$

E $-\frac{2}{7}ab^2c^3 + \frac{4}{9}axb - \frac{3}{8}axb + \frac{5}{14}ab^2c^3 - \frac{11}{7}ab^2c^3 - \frac{1}{3}axb =$

5.5.3 MOLTIPLICAZIONE DI MONOMI

A differenza di quanto visto per le somme algebriche, tutti i monomi possono essere moltiplicati tra loro, vediamo come.

✓ **$3a \cdot 2b = 6ab$**

Moltiplichiamo i coefficienti e se la parte letterale è diversa, come nell'esempio, affiancate le lettere (se riuscite, è meglio seguire l'ordine alfabetico).

✓ **$3a \cdot 2a = 6a^2$**

Moltiplichiamo i coefficienti e se la parte letterale è uguale, come nell'esempio, le lettere seguono le proprietà delle potenze.

$a \cdot a$ dobbiamo vederlo come prodotto di potenze con ugual base e con esponente sottinteso 1.
Seguendo le regole delle potenze avremo:

$a \cdot a = a^1 \cdot a^1 = a^{1+1} = \mathbf{a^2}$

$b^2 \cdot b^3 =$
$b^2 \cdot b^3 =$
✓ $b^{2+3} = \mathbf{b^5}$ — ho sommato gli esponenti

$ab^3 \cdot a^2b =$
$ab^3 \cdot a^2b =$
✓ $ab^3 \cdot a^2b = \mathbf{a^3b^4}$ — ho sommato gli esponenti delle lettere uguali $a^{1+2} = a^3$ $b^{3+1} = b^4$

$abx^3 \cdot a^2b^3c =$
$abx^3 \cdot a^2b^3c =$
✓ $abx^3 \cdot a^2b^3c = \mathbf{a^3b^4cx^3}$ — ho sommato gli esponenti delle lettere uguali a^{1+2} b^{1+3} e ho affiancato le lettere diverse c e x^3

Proviamo a fare qualche esercizio:

$$\mathbf{-3x\cdot\left(+4x^2\right)=}$$

✓ $$-3x\cdot\left(+4x^2\right)=-12x^3$$

$$\left(-\frac{3}{4}x^3y^4\right)\cdot\left(+\frac{12}{11}x^3y^2\right)=$$

✓ $$\left(-\frac{3}{\cancel{4}_1}x^3y^4\right)\cdot\left(+\frac{\cancel{12}^3}{11}x^3y^2\right)=-\frac{9}{11}x^6y^6$$

$$(-5z)\cdot\left(-\frac{7}{5}zc^2\right)\cdot\left(\frac{1}{22}az^3\right)\cdot\left(-2a^2c\right)=$$

✓ $$\left(-\cancel{5}^1z\right)\cdot\left(-\frac{7}{\cancel{5}_1}zc^2\right)\cdot\left(\frac{1}{\cancel{22}_{11}}az^3\right)\cdot\left(-\cancel{2}^1a^2c\right)=\mathbf{-\frac{7}{11}a^3c^3z^5}$$

E un'espressione con somme algebriche e prodotti:

$$\mathbf{\left(\frac{1}{3}mp+\frac{1}{6}mp-\frac{3}{4}mp\right)\cdot\left(\frac{2}{15}n^2m-\frac{7}{10}n^2m\right)=}$$

$$\left(\frac{1}{3}mp+\frac{1}{6}mp-\frac{3}{4}mp\right)\cdot\left(\frac{2}{15}n^2m-\frac{7}{10}n^2m\right)=$$

$$\left(\frac{1}{3}+\frac{1}{6}-\frac{3}{4}\right)mp\cdot\left(\frac{2}{15}-\frac{7}{10}\right)n^2m=$$

$$\frac{4+2-9}{12}mp\cdot\frac{4-21}{30}n^2m=$$

✓ $$-\frac{\cancel{3}^1}{12}mp\cdot\left(-\frac{17}{\cancel{30}_{10}}\right)n^2m=+\mathbf{\frac{17}{120}m^2n^2p}$$

5.5.4 DIVISIONE DI MONOMI

Le divisioni di monomi possono essere fatte in diversi modi, ora vedremo i più usati.

✓ $(25a^2b^3) : (-5ab) = -5ab^2$

divido i coefficienti e applico la proprietà delle potenze alle lettere:
$a^2 : a = a^{2-1} = a^1$
$b^3 : b = b^{3-1} = b^2$

$$\left(\frac{3}{5}a^3bc^4\right) : \left(-\frac{9}{25}abc\right) =$$

✗ $$\left(\frac{3}{5}a^3bc^4\right) \cdot \left(-\frac{25}{9}abc\right) =$$

errore! se scrivo così commetto un errore

Esaminiamo cosa è stato fatto:
ho trasformato come sempre la divisione in moltiplicazione, capovolgendo la frazione e questa mossa è esatta, però ora ci troviamo ad avere il prodotto di 2 monomi e dobbiamo fare una considerazione sulla parte letterale. Abbiamo visto che le lettere seguono le proprietà delle potenze con ugual base e diverso esponente e che per la moltiplicazione **si sommano gli esponenti** e per la divisione **si sottraggono gli esponenti**. Se nel trasformare la divisione in prodotto non prendiamo un provvedimento per la parte letterale, sommeremo gli esponenti delle lettere invece di sottrarli.

$$\left(\frac{3}{5}a^3bc^4\right) : \left(-\frac{9}{25}abc\right) = \begin{cases} \left(\frac{\cancel{3}^{\,1}}{\cancel{5}_{\,1}}a^3bc^4\right) \cdot \left(-\frac{\cancel{25}^{\,5}}{\cancel{9}_{\,3}}a^{-1}b^{-1}c^{-1}\right) = -\frac{5}{2}a^2c^3 \;\checkmark \\ \left(\frac{\cancel{3}^{\,1}}{\cancel{5}} \cdot \frac{-\cancel{25}^{\,5}}{\cancel{9}}\right)a^2c^3 = -\frac{5}{3}a^2c^3 \;\checkmark \end{cases}$$

Primo caso: nel primo caso ho cambiato il segno agli esponenti della parte letterale che si trova dopo il simbolo ·, in questo modo se sommo gli esponenti non sbaglio.

Se trasformo in prodotto posso fare così:

$a^3bc^4 : abc =$

$a^3bc^4 \cdot a^{-1}b^{-1}c^{-1} = a^{3-1}b^{1-1}c^{4-1} = \mathbf{a^2c^3}$

Secondo caso: nel secondo caso ho eseguito la moltiplicazione dei coefficienti e ho messo la parte letterale già con gli esponenti sottratti.

$a^3bc^4 : abc =$

$a^{3-1}b^{1-1}c^{4-1} = \mathbf{a^2c^3}$ ($b^0 = 1$ e quindi non lo scrivo più)

Scegliete il metodo che preferite, io uso più volentieri il primo. Facciamo qualche esercizio...

$$\left(-\frac{4}{3}ab^2c^3\right):\left(\frac{8}{9}abc^2\right)=$$

$$\left(-\frac{\cancel{4}^{1}}{\cancel{3}_{1}}ab^2c^3\right)\cdot\left(\frac{\cancel{9}^{3}}{\cancel{8}_{2}}a^{-1}b^{-1}c^{-2}\right)=-\frac{3}{2}bc$$

parte letterale
$a^{1-1} = a^0 = 1$
$b^{2-1} = b^1 = b$
$c^{3-2} = c^1 = c$

$$\left(\frac{7}{15}xy^5z^4\right):\left(\frac{14}{5}x^2y^3z^5\right)=$$

$$\left(\frac{\cancel{7}^{1}}{\cancel{15}_{3}}xy^5z^4\right)\cdot\left(\frac{\cancel{5}^{1}}{\cancel{14}_{2}}x^{-2}y^{-3}z^{-5}\right)=\frac{1}{6}x^{-1}y^2z^{-1}$$

parte letterale:
$x^{1-2} = x^{-1}$
$y^{5-3} = y^2$
$z^{4-5} = z^{-1}$

$$\left(18a^4by^3\right):\left(-2a^{-3}b^2y^2\right)=$$

$$\left(18a^4by^3\right):\left(-2a^{-3}b^2y^2\right)=-9a^{4-(-3)}b^{1-(+2)}y^{3-(+2)}$$

$$=-9a^{4+3}b^{1-2}y^{3-2}=\mathbf{-9a^7b^{-1}y}$$

Non essendoci frazioni, non è necessario trasformare in moltiplicazione, eseguo normalmente la divisione e sottraggo gli esponenti della parte letterale. Ho indicato il passaggio in ogni esponente per far vedere che cambiano segno.

LEZIONE V ESPRESSIONI CON I MONOMI (QUATTRO OPERAZIONI)

$$\mathbf{15x^2y^2\cdot(3x-5x):(+6y)+4x^3y=}$$

$15x^2y^2\cdot\underline{(3x-5x)}:(+6y)+4x^3y=$ eseguo la somma algebrica nella parentesi

$\underline{15x^2y^2\cdot(-2x)}:(+6y)+4x^3y=$ eseguo la moltiplicazione e sommo gli esponenti

$\underline{-30x^3y^2:(+6y)}+4x^3y=$ eseguo la divisione e sottraggo gli esponenti

✓ $-5x^3y+4x^3y=\mathbf{-1x^3y}$ sono monomi simili e li sommo

$$\mathbf{16a^2b^2\cdot\left(\frac{5}{4}a^2y-\frac{11}{8}a^2y\right)+\frac{9}{8}a^3y\cdot\left(-3ab^2\right)=}$$

$16a^2b^2\cdot\frac{10-11}{8}a^2y-\frac{27}{8}a^4b^2y=$

$\cancel{16}^{2}a^2b^2\cdot\left(-\frac{1}{\cancel{8}_{1}}a^2y\right)-\frac{27}{8}a^4b^2y=$ eseguo la moltiplicazione e sommo gli esponenti

✓ $-2a^4b^2y-\frac{27}{8}a^4b^2y=\frac{-16-27}{8}a^4b^2y=\mathbf{-\frac{35}{8}a^4b^2y}$

$$\left[\left(\mathbf{12a^2b-4a^2b}\right):\left(\mathbf{-4ab}\right)+\mathbf{7a}\right]\cdot\left(\frac{\mathbf{5}}{\mathbf{9}}\mathbf{a^3b^4}-\frac{\mathbf{7}}{\mathbf{15}}\mathbf{a^3b^4}\right)=$$

$$\left[\underbrace{\left(12a^2b-4a^2b\right)}:(-4ab)+7a\right]\cdot\left(\underbrace{\frac{5}{9}a^3b^4-\frac{7}{15}a^3b^4}\right)=$$

$$\left[\underbrace{8a^2b:(-4ab)}+7a\right]\cdot\left(\frac{25-21}{45}a^3b^4\right)=$$

$$\left[\underbrace{8a^2b:(-4ab)}+7a\right]\cdot\left(\frac{25-21}{45}a^3b^4\right)=$$

eseguo la divisione affiancando le lettere con gli esponenti sottratti

$$\left[\underbrace{-2a+7a}\right]\cdot\left(\frac{4}{45}a^3b^4\right)=$$

$$\left[+\overset{1}{\cancel{5}}a\right]\cdot\left(\frac{4}{\underset{9}{\cancel{45}}}a^3b^4\right)=\frac{\mathbf{4}}{\mathbf{9}}\mathbf{a^4b^4}$$

$$\left[\mathbf{-36m^4n^3}:\left(\frac{\mathbf{12}}{\mathbf{5}}\mathbf{m^3n}\right)+\mathbf{9mn^2}+\mathbf{18mn^2}\right]\cdot\left(\frac{\mathbf{1}}{\mathbf{6}}\mathbf{x^2}+\frac{\mathbf{13}}{\mathbf{12}}\mathbf{x^2}\right)=$$

trasformo la divisione in moltiplicazione e cambio segno agli esponenti

$$\left[-36m^4n^3:\left(\frac{12}{5}m^3n\right)+9mn^2+18mn^2\right]\cdot\left(\frac{1}{6}x^2+\frac{13}{12}x^2\right)=$$

$$\left[-\overset{3}{\cancel{36}}m^4n^3\cdot\left(\frac{5}{\underset{1}{\cancel{12}}}m^{-3}n^{-1}\right)+9mn^2+18mn^2\right]\cdot\left(\frac{1}{6}x^2+\frac{13}{12}x^2\right)=$$

$$\left[-15mn^2+9mn^2+18mn^2\right]\cdot\left[\frac{2+13}{12}x^2\right]=$$

$$\overset{1}{\cancel{12}}mn^2\cdot\left(\frac{15}{\underset{1}{\cancel{12}}}x^2\right)=\mathbf{15mn^2x^2}$$

5.5.5 POTENZA DI MONOMI

Per elevare a potenza un monomio dobbiamo seguire le regole delle potenze sia per i coefficienti che per la parte letterale. Facciamo degli esempi...

$$(3ab)^2 =$$

✓ $(3ab)^2 = \mathbf{9a^2b^2}$ abbiamo elevato al quadrato sia 3 che ab

$$(-5x^3y^4)^2 =$$

✓ $(-5x^3y^4)^2 = \mathbf{+25x^6y^8}$ per le lettere applichiamo la regola di potenza di una potenza: si moltiplicano gli esponenti $(x^3)^2 = x^{3\cdot 2} = x^6$ e $(y^4)^2 = y^{4\cdot 2} = y^8$

$$\left[\left(-\frac{3}{5}b^2x\right)^0\right]^3 =$$

✓ $\left[\left(-\frac{3}{5}b^2x\right)^0\right]^3 = \left[-\frac{3}{5}b^2x\right]^{0\cdot 3} = \left[-\frac{3}{5}b^2x\right]^0 = \mathbf{1}$ moltiplico gli esponenti $0 \cdot 3 = 0$

$$\left[-\left(-\frac{1}{3}x^3y^2\right)^2\right]^3 =$$

✓ $\left[-\left(-\frac{1}{3}x^3y^2\right)^2\right]^3 = \left[-\left(+\frac{1}{9}x^6y^4\right)\right]^3 = \left[-\frac{1}{9}x^6y^4\right]^3 = -\frac{\mathbf{1}}{\mathbf{729}}\mathbf{x^{18}y^{12}}$

Dato che fuori dalla parentesi tonda c'è un segno – elevo prima al quadrato la tonda poi cambio segno, lascio tutto nella quadra e infine elevo alla terza (cubo) la quadra. In questo caso, essendoci il segno – davanti alla parentesi, non ho applicato la regola della potenza di una potenza e quindi non ho moltiplicato tra loro gli esponenti, ma ho elevato due volte prima alla seconda poi alla terza.

$$\left[\left(-\frac{7}{11}b^2cx^3\right)^2\right]^2 =$$

$$\left[\left(-\frac{7}{11}b^2cx^3\right)^2\right]^2 = \left[-\frac{7}{11}b^2cx^3\right]^4 = +\frac{2401}{14641}b^8c^4x^{12}$$

qui ho moltiplicato ogni esponente per 4
e ho elevato la frazione alla quarta

LEZIONE VI ESPRESSIONI CON LE QUATTRO OPERAZIONI E LE POTENZE

$$\left\{\left[(3ab-5ab)^2:\left(-5ab^2+ab^2\right)+\frac{1}{2}a\right]\cdot\left(\frac{4}{5}b-\frac{2}{15}b\right)^2\right\}+\frac{2}{9}ab^2 =$$

$$\left\{\left[(-2ab)^2:\left(-4ab^2\right)+\frac{1}{2}a\right]\cdot\left(\frac{12-2}{15}b\right)^2\right\}+\frac{2}{9}ab^2 =$$

$$\left\{\left[\left(+4a^2b^2\right):\left(-4ab^2\right)+\frac{1}{2}a\right]\cdot\left(\frac{\cancel{10}^{\,2}}{\cancel{15}_{\,3}}b\right)^2\right\}+\frac{2}{9}ab^2 =$$

$$\left\{\left[-1a+\frac{1}{2}a\right]\cdot\left(\frac{2}{5}b\right)^2\right\}+\frac{2}{9}ab^2 =$$

$$\left\{\left[\frac{-2+1}{2}a\right]\cdot\frac{4}{9}b^2\right\}+\frac{2}{9}ab^2 =$$

$$\left\{\left[-\frac{1}{\cancel{2}_{\,1}}a\right]\cdot\left(\frac{\cancel{4}^{\,2}}{9}b^2\right)\right\}+\frac{2}{9}ab^2 =$$

✓ $$\left\{-\frac{2}{9}ab^2\right\}+\frac{2}{9}ab^2 = 0$$

5

$$\left(\frac{1}{3}x^4y^3\right):\left(-\frac{2}{3}xy\right)^3+\left(-4x^2y\right)^2:\left(x^3y^2\right)-\frac{1}{3}x^3y^2:\left(-\frac{2}{9}xy\right)^2=$$

$$\left(\frac{1}{3}x^4y^3\right):\left(-\frac{8}{27}x^3y^3\right)+\left(+16x^4y^2\right):\left(x^3y^2\right)-\frac{1}{3}x^3y^2:\left(+\frac{4}{81}x^2y^2\right)=$$

$$\left(\frac{1}{\cancel{3}_1}x^4y^3\right)\cdot\left(-\frac{\cancel{27}^9}{8}x^{-3}y^{-3}\right)+\left(+16x^4y^2\right):\left(x^3y^2\right)-\frac{1}{\cancel{3}_1}x^3y^2\cdot\left(+\frac{\cancel{81}^{27}}{4}x^{-2}y\right.$$

$$-\frac{9}{8}x+16x-\frac{27}{4}x=\frac{-9+128-54}{8}x=+\frac{65}{8}x$$

$$\left[\left(\frac{2}{3}b\right)^3\cdot(2ab-29ab)+11ab^4-4a\cdot\left(-2b^2\right)^2\right]:\left(-\frac{26}{3}ab\right)+\frac{1}{3}b^3=$$

$$\left[\left(\frac{8}{\cancel{27}_1}b^3\right)\cdot\left(-\cancel{27}^1ab\right)+11ab^4-4a\cdot\left(+4b^2\right)\right]:\left(-\frac{26}{3}ab\right)+\frac{1}{3}b^3=$$

$$\left[-8ab^4+11ab^4-16ab^4\right]\cdot\left(-\frac{3}{26}a^{-1}b^{-1}\right)+\frac{1}{3}b^3=$$

$$\left[-\cancel{13}^1ab^4\right]\cdot\left(-\frac{3}{\cancel{26}_2}a^{-1}b^{-1}\right)+\frac{1}{3}b^3=$$

$$\frac{3}{2}b^3+\frac{1}{3}b^3=\frac{9+2}{6}b^3=\frac{11}{6}b^3$$

ESERCIZIO 35

A $-\frac{2}{5}x^3y^2c\cdot\left(-\frac{15}{4}xy\right)-\frac{1}{12}x^4y^3c+\frac{3}{4}x^4y^3c=$

B $\left[-3a^2b\cdot(-4ab+9ab)^2:15ab\right]+\left[(-2ab)^3:4b\right]=$

C $\left[7x^5:\left(-\frac{14}{5}x\right)-\left(4x^2y\right)^2:\frac{4}{3}y^2\right]-\left[\left(-x^2y^2+3x^2y^2\right)^2:\frac{1}{2}y^4\right]$

D $\left(\frac{1}{5}ab+2ab+\frac{1}{3}ab\right)\cdot5a-\left[-\frac{3}{2}ab-\left(\frac{3}{7}a+\frac{1}{2}ab+4a-\frac{31}{7}a\right)\right]\cdot\frac{1}{3}a=$

E $\left[-\frac{1}{3}xy\cdot\left(x^2+\frac{3}{4}x^2\right)+\left(-\frac{1}{2}x^2\right)\cdot\left(4xy+\frac{1}{2}xy\right)\right]:\left[\frac{13}{4}x\cdot\left(-\frac{8}{3}x^2y\right)\right]=$

IL BILANCIO FAMILIARE

Esaminiamo come riportare in una tabella le entrate e le uscite mensili della nostra famiglia e come servirci dell'algebra per tenere aggiornato il saldo a nostra disposizione.
A questo proposito, analizziamo 13 giorni del bilancio di Marco, senza prenderlo come esempio naturalmente!

GESTIONE DEL BILANCIO FAMILIARE DI MARCO

OTTOBRE/NOVEMBRE 2011

DATA	VOCI	ENTRATE €	USCITE €	SALDO €
27/10	stipendio	+ 2.200,00		+ 2.200,00
28/10	supermercato		– 120,45	+ 2.079,55
29/10	bolletta luce		– 86,54	+ 1.993,01
30 /10	supermercato		– 65,87	+ 1.927,14
31/10	scarpe		– 167,00	+ 1.760,14
1/11	gas		– 326,09	+ 1.434,05
2/11	regalo compleanno sorella		– 550,00	+ 884,05
3/11	cena con fida		– 110,00	+ 774,05
4/11	falegname		– 234,00	+ 540,05
5/11	supermercato		– 60,98	+ 479,07
6/11	bolletta telefono		– 180,15	+ 298,92
7/11	abbigliamento		– 325,00	– 26,08
8/11	supermercato		– 75,00	– 101,08

DATA	Nella prima colonna inseriamo la data.
VOCI	Nella seconda colonna inseriamo la voce dell'entrata o dell'uscita.
ENTRATE €	Nella terza colonna inseriamo le entrate, cioè i soldi che portiamo a casa, Marco è solo e ne ha una sola: se siete in due che guadagnate e il bilancio è unico aggiungete in questa colonna anche l'altro/gli altri stipendi preceduti dal segno +.
USCITE €	Nella quarta colonna mettiamo le uscite, cioè quello che spendiamo, precedute dal segno – perché se ne vanno e quindi sono soldi in meno. Coloratele di rosso così le vedete meglio!
SALDO €	Nella quinta colonna tenete sempre il saldo aggiornato facendo: **saldo precedente – uscite del giorno** fino a quando il saldo diventa negativo e scritto in rosso. Da qui in poi dovete **sommare** al saldo negativo le uscite, perché questa è algebra, se non ho i soldi (e quindi sono in rosso) e spendo ancora devo addizionare un'altra spesa negativa e farò:

$$(-26{,}08) + (-75{,}00) = -26{,}08 - 75{,}00 = -101{,}08$$

Non prendete esempio da Marco, che a partire dal 7 del mese deve andare a mangiare a casa degli amici!

Ma a novembre ho anche dovuto farti il regalo di compleanno!

Giusto, dovevi risparmiare, lo sapevi che volevo il bauletto di LV... ringrazia che ho già la shopper!

Una borsa così cara non va messa nel bilancio alla voce "regalo di compleanno", ma a quella "prelievo di sangue"!

6

6 .1 LE EQUAZIONI

6.1.1 Il primo principio di equivalenza
6.1.2 Il secondo principio di equivalenza

6.2 PROBLEMI RISOLVIBILI CON LE EQUAZIONI

PUÒ SEMPRE SERVIRE LA FORMULA MAGICA

6.1
LE EQUAZIONI

Se cerchiamo nel vocabolario il significato della parola **equazione** troviamo: "uguaglianza contenente una o più incognite".

In matematica, per equazione si intende l'uguaglianza tra due espressioni algebriche di cui almeno una contenente una parte letterale, che si verifica solo per particolari valori attribuiti alle lettere.

Bravo Albert,
quella è un'equazione fisica!
Noi, però, consideriamo prima
le equazioni matematiche,
che sono la base per capire
tutte le altre equazioni.
Partiamo come sempre
da un esempio.

? Trovate quel numero che moltiplicato per 3 dia come risultato 15.
Indichiamo con x il numero da trovare:

$$3 \cdot x = 15$$

Le so tutte ! Quel numero è 5!!! Ho vinto! Sono un campione, Adrianaaa...

Bravo Marco (ma non credo ci siano meriti per questa risposta)...

$$x = 5$$

Se noi sostituiamo il valore trovato, cioè 5, al posto della x nell'equazione data avremo:

$$\underline{3 \cdot 5} = \underline{15}$$

cioè $$15 = 15$$

Quindi il valore della x trovato e sostituito nell'uguaglianza la avvera (rende vera).

Ora facciamo qualcosa di più complicato:

$$\mathbf{12\,x + 6 = 4\,x - 2}$$

Come facciamo a ricavare la x in questa equazione?

Cos'è 'sta roba?

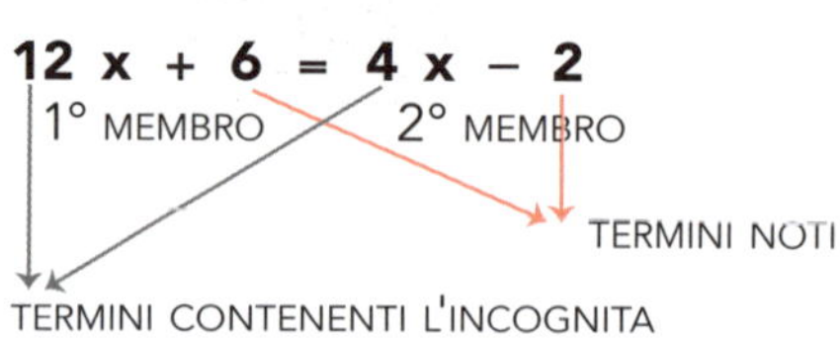

I termini che non contengono l'incognita, quindi, sono detti **termini noti**.

Saranno anche noti, ma io non li conosco!

Non avevo dubbi: tu dovresti scrivere il libro La matematica, questa sconosciuta*!*

6.1.1 IL PRIMO PRINCIPIO DI EQUIVALENZA

In un'equazione è possibile addizionare ai due membri uno stesso numero o una stessa espressione algebrica e ottenere un'equazione equivalente a quella data. La regola del trasporto dei termini è la conseguenza pratica del primo principio di equivalenza.

REGOLA DEL TRASPORTO DEI TERMINI

Data un'equazione è possibile spostare i suoi termini, sia noti che con l'incognita, da un membro all'altro cambiando loro di segno ottenendo un'equazione equivalente a quella data. Io per far capire bene questo passaggio dico di immaginare che l'uguale corrisponda al segnale di ALT e, ogni volta che si sposta un termine oltrepassando il segnale di ALT, gli si deve cambiare segno.

ALT! Io non ho capito niente!

Allora è tutto normale, possiamo andare avanti...
Stai attento agli esempi e vediamo se così capisci.

Ora proviamo a portare tutte le x a sinistra e i termini noti a destra nell'equazione di prima:

$$\mathbf{12x + 6 = 4x - 2}$$

$12x - \mathbf{4x} = \mathbf{-6} - 2$ — 4x da destra passa a sinistra e diventa –4x; 6 da sinistra passa a destra e diventa –6; facciamo le somme algebriche in ogni membro

$8x = -8$

✓ $x = \mathbf{-1}$ — –1 è quel numero che moltiplicato per 8 mi fa ottenere –8

Ora sostituiamo nell'equazione data al posto della x il valore trovato –1 e vediamo se si verifica l'uguaglianza, se cioè il primo membro è uguale al secondo membro.

Verifica del risultato x = –1

$12x + 6 = 4x - 2$

$12 \cdot (-1) + 6 = 4 \cdot (-1) - 2$ — ho messo –1 al posto di x

$-12 + 6 = -4 - 2$

✓ $-6 = -6$ — ok, i due membri sono uguali quindi x = –1 è il risultato esatto

quando scrivete un termine con l'incognita tipo 12x, ricordate che state scrivendo un monomio e che è sottinteso sia $12 \cdot x$

6.1.2 IL SECONDO PRINCIPIO DI EQUIVALENZA

Data un'equazione è possibile moltiplicare o dividere tutti i suoi termini per uno stesso numero diverso da zero.
Riprendiamo l'equazione vista sopra:

$$12x + 6 = 4x - 2$$

Partiamo dal penultimo passaggio dell'equazione:

$$8x = -8$$

Noi abbiamo detto che x è uguale a –1, perché salta subito all'occhio che questo sia il risultato.
Se avessimo, però, avuto:

$$125x = 7.875$$

la risposta non sarebbe stata così immediata...

Applichiamo il **2° principio di equivalenza** e dividiamo entrambi i membri per 125, in modo che il coefficiente della x diventi 1:

$$\frac{\cancel{125}^{1}x}{\cancel{125}_{1}} = \frac{7.875}{125}$$

faccio le semplificazioni in due passaggi perché mi interessa far notare che semplificando 125 con 125 avremo $1x = \frac{7.875}{125}$

$$x = \frac{\cancel{7.875}^{315}}{\cancel{125}_{1}} = \mathbf{315}$$

6

PRIMO E SECONDO PRINCIPIO DI EQUIVALENZA... IN PILLOLE

Per risolvere un'equazione:

- prima si spostano tutti i termini con la x a sinistra e i termini noti a destra;
- poi si eseguono le somme algebriche in ogni membro;
- per finire si ricava la x dividendo entrambi i membri per il coefficiente della x.

CAMBIAMO SEGNO AD OGNI TERMINE DI UN'EQUAZIONE

Come conseguenza del secondo principio di equivalenza, possiamo cambiare segno a ogni termine di un'equazione e otteniamo un'equazione equivalente a quella data. Facciamo un esempio:

$$-5x = +10$$

Dato che noi dobbiamo calcolare il valore di x e non di –x possiamo moltiplicare entrambi i membri per –1, rispettando il 2° principio di equivalenza. Così rendiamo positiva la x (**positivizziamo la x ogni volta che è negativa**):

$(-1)\cdot(-5x) = (+10)\cdot(-1)$ questo passaggio non lo facciamo

$+5x = -10$

$x = \frac{10}{5} = -2$

cambiamo direttamente i segni in entrambi i membri e poi ricaviamo la x dividendo entrambi i membri per 5

Esercizi:

$$\mathbf{15 - x = 7}$$

$15 - x = 7$

$-x = -15 - 7$ sposto 15 a destra e gli cambio il segno

$-x = -22$ –x è sottinteso sia –1x

$\frac{\cancel{-1}}{\cancel{-1}}x = \frac{-22}{-1}$ divido tutti e due i membri per –1
così (–1) : (–1) = 1 e (–22) : (–1)= + 22

$x = \mathbf{+22}$

$$\mathbf{8x + 6 - 4x = -x + 12}$$

$8x + 6 - 4x = -x + 12$ ho portato –x a sinistra e diventa +x
e +6 a destra e diventa –6

$8x - 4x + x = -6 + 12$

$5x = +6$

$\frac{\cancel{5}}{\cancel{5}}x = +\frac{6}{5}$ divido tutti e due i membri per 5

$x = +\mathbf{\frac{6}{5}}$ ottengo il valore della x

$$\mathbf{3x - \frac{2}{5} = \frac{1}{5} + 6x}$$

$3x - 6x = +\frac{2}{5} + \frac{1}{5}$ anche con le frazioni mi comporto come sopra

$-3x = \frac{2+1}{5}$

$-3x = \frac{3}{5}$ arrivati a questo punto, dividete tutti e due i membri per –3

$\frac{\cancel{-3}}{\cancel{-3}}x = \frac{\frac{3}{5}}{-3}$ $\frac{3}{5}$ fratto –3 si trasforma in $\frac{3}{5}: (-3)$

$x = \frac{3}{5} : (-3) = \frac{\cancel{3}^{1}}{5} \cdot \left(-\frac{1}{\cancel{3}}\right) = -\mathbf{\frac{1}{5}}$

QUALCHE TRUCCHETTO PER SEMPLIFICARE LE EQUAZIONI

Quando sarete più esperti potrete fare direttamente così:

Se il coefficiente della x e il termine noto sono numeri relativi interi.

$$5x = 15 \qquad x = \frac{\cancel{15}^{3}}{\cancel{5}_{1}} = 3$$

Portate direttamente il coefficiente della x (5) al denominatore del termine noto, evitando di metterlo anche al denominatore della x $\left(\frac{5}{5}\right)$. Questo è pur sempre un passaggio in meno!

Se il termine noto è una frazione.

$$4x = \frac{5}{3} \qquad x = \frac{5}{3} \cdot \frac{1}{4} = \frac{5}{12}$$

Moltiplicate il termine noto per l'inverso del coefficiente della x. Sapete, in questo caso, che 4 possiamo considerarlo $\frac{4}{1}$ per cui l'inverso è $\frac{1}{4}$.

Se il coefficiente della x e il termine noto sono due frazioni.

$$\frac{3}{2}x = \frac{6}{5} \qquad x = \frac{\cancel{6}^{2}}{5} \cdot \frac{2}{\cancel{3}_{1}} = \frac{4}{5}$$

Come nel caso precedente, moltiplicate il termine noto per l'inverso del coefficiente della x.

Facciamo ancora un paio di equazioni prima di passare ai problemi, così consolidiamo le nostre conoscenze.

$$-\frac{3}{4}x+\frac{7}{3}-\frac{13}{6}=\frac{5}{8}x+2$$

$$-\frac{3}{4}x+\frac{7}{3}-\frac{13}{6}=\frac{5}{8}x+2$$ spostiamo i termini noti a destra e x a sinistra

$$-\frac{3}{4}x-\frac{5}{8}x=+2-\frac{7}{3}+\frac{13}{6}$$ sommiamo tra loro i coefficienti della x e tra loro i termini noti

$$\frac{-6-5}{8}x=\frac{+12-14+13}{6}$$

$$-\frac{11}{8}x=+\frac{11}{6}$$ ricaviamo la x col metodo veloce, moltiplichiamo il termine noto per l'inverso della x

$$x=\frac{\cancel{11}^{1}}{\cancel{6}_{3}}\cdot\left(-\frac{\cancel{8}^{4}}{\cancel{11}_{1}}\right)=-\frac{4}{3}$$

ho aggiunto una parentesi perché il segno · non può stare vicino al segno –

$$5x+4\cdot\left(\frac{1}{3}x-2x\right)=-\frac{5}{6}$$

$$5x+4\cdot\left(\frac{+1-6}{3}x\right)=-\frac{5}{6}$$ prima sommiamo i termini con la x nella tonda

$$5x+4\cdot\left(\frac{-5}{3}x\right)=-\frac{5}{6}$$ moltiplichiamo il termine con la x per 4

$$5x-\frac{20}{3}x=-\frac{5}{6}$$

$$\frac{+15-20}{3}x=-\frac{5}{6}$$ sommiamo tra loro i coefficienti della x

$$-\frac{5}{3}x=-\frac{5}{6}$$

$$x=-\frac{\cancel{5}^{1}}{\cancel{6}_{2}}\cdot\left(-\frac{\cancel{3}^{1}}{\cancel{5}_{1}}\right)=+\frac{1}{2}$$ ricaviamo la x moltiplicando il termine noto per l'inverso del coefficiente della x

6

QUALCHE CASO PARTICOLARE

Non perdiamo di vista le eccezioni...
Dopo aver ben fissato le regole, ovviamente!
Ricapitolando: nelle equazioni si ricerca un valore da sostituire alla x che avveri l'uguaglianza data.

Marco, in due parole, dimmi cos'è un'equazione.

Non lo so esattamente, so solo che si trova all'equatore...

No, si trova nel polo negativo della tua testa!

Primo caso: $\mathbf{nx = 0}$ $\quad \mathbf{x = \frac{0}{n} = 0}$ **il valore cercato è 0**

$\mathbf{3x + 5 = 6x + 5}$

$3x + 5 = 6x + 5$

$3x - 6x = +5 - 5$

$-3x = 0$ rendo positiva la x moltiplicando ambo i membri per -1 e $0 \cdot (-1)$ rimane 0

$3x = 0$

$x = \frac{0}{3} = \mathbf{0}$

Secondo caso: $\mathbf{0x = n}$ $\quad \mathbf{x = \frac{n}{0} =}$ **impossibile**

Il valore cercato non esiste, nessun valore di x avvera l'uguaglianza data.
Ricordate
dovrebbe essere: n : 0 = x, cioè stiamo cercando un valore da assegnare alla x che moltiplicato per 0 dia come risultato il numero n, ma non esiste un numero che moltiplicato per 0 dia come risultato un altro numero (n).

$$-4x + 25 - 3x = -7x + 15$$

$$-4x + 25 - 3x = -7x + 15$$

$$-4x - 3x + 7x = -25 + 15$$

$$-7x + 7x = -10$$

$$0x = -10$$

$$x = -\frac{10}{0}$$ impossibile

Terzo caso: 0x=0 $x = \frac{0}{0} =$ **indeterminata**

Tutti i numeri avverano l'uguaglianza data.
Scriviamo:
$x = 0 : 0$
che può essere vista come
$0 : 0 = x$
Ricordate
stiamo cercando un valore x che moltiplicato per 0 dia 0 e dato che tutti i numeri moltiplicati per 0 danno 0, diciamo che la x è indeterminata, cioè vanno bene tutti i numeri.

Calcolate il termine incognito (x) di ciascuna equazione.

6

ESERCIZIO 36

A $15x + 2 = 6x - 4 - x$

B $9x + 27 - 6x = 3 + 4x$

C $\frac{2}{3}x - \frac{5}{4} + \frac{7}{12}x - \frac{1}{3} = -x + \frac{8}{3}$

D $3x + \frac{1}{4} + \frac{2}{3}x = -\frac{1}{2} - \frac{5}{4}x$

E $-\frac{17}{10}x + 2 - \frac{3}{5}x - 7 = -\frac{1}{5}x - 5 - \frac{21}{10}x$

6.2
PROBLEMI RISOLVIBILI CON LE EQUAZIONI

Uno degli argomenti che amo di più di questa splendida materia è proprio quello dei problemi risolvibili con le equazioni.

Questa non è una garanzia!

Molti problemi affrontati in questo testo possono essere risolti più velocemente con le equazioni, ma ogni cosa deve essere fatta al tempo giusto, e prima di poter approdare a questo metodo bisogna passare per altre vie che completano le nostre conoscenze e ci rendono più consapevoli di cosa dobbiamo fare.
Come vi ho già detto, in matematica si possono percorrere tante strade per arrivare alla soluzione di un esercizio, e più se ne conoscono più facile è scegliere quale percorrere, un po' come nella vita. Facciamo subito un esempio di problema risolvibile con un'equazione...

? Due numeri sono tali che uno è $\frac{2}{5}$ dell'altro e la loro somma è 70.
Determinate i due numeri. (questo tipo di problema l'abbiamo già risolto con il metodo grafico)

Iniziamo ad analizzare il testo e a cercare una grandezza da far corrispondere all'incognita x. Detto in termini poco tecnici, dobbiamo capire cosa è meglio chiamare x.
In questo caso, abbiamo due numeri da determinare e il ragionamento potrebbe essere questo:

DATI/INCOGNITE

DATI	INCOGNITE
$N_1+N_2=70$	$N_1 = ?$
$N_1= \frac{2}{5} N_2$	$N_2 = ?$

Se indichiamo $N_1 = x$ sarà difficile esprimere N_2, perché sostituendo nei dati x al posto di N_1 avremo:

$N_1 = x$

$x = \frac{2}{5}N_2$ ed $N_2 = \frac{5}{2}x$

non lo consiglio! Devo pure capovolgere la frazione...

Se indichiamo $N_2 = x$ è tutto molto più semplice perché avremo:

$\mathbf{N_2 = x}$ e sostituendo x al posto di N_2 avremo: $N_1 = \frac{2}{5}x$

Si dice che abbiamo espresso la seconda grandezza in funzione di x.

Adesso non ci resta che impostare l'equazione seguendo quello che ci indicano i dati (la somma dei due numeri è uguale a 70):

$$x + \frac{2}{5}x = 70$$

Abbiamo scritto che un numero (x) + i suoi $\frac{2}{5}\left(\text{cioè } \frac{2}{5}x\right)$ è uguale a 70.

Se risolviamo l'equazione troveremo il valore del numero che abbiamo chiamato x.

$$\frac{5+2}{5}x = 70$$

$$\frac{7}{5}x = 70$$

✓ $x = \cancel{70}^{10} \cdot \frac{5}{\cancel{7}_1} = 50$ questo è N_2

6

Ora, per trovare N_1 vi consiglio di fare:

$N_1 = 70 - 50 = 20$ strada più veloce

oppure:

$N_1 = \frac{2}{5}N_2$ cioè $N_1 = \frac{2}{\cancel{5}_1} \cdot \cancel{50}^{10} = 20$ strada più complicata (perché c'è la frazione)

Ricapitolando:

- scrivete bene i dati;
- individuate cosa chiamare x (in casi come questo consiglio di chiamare x la grandezza incognita che si trova dopo la frazione, e non quella che si trova prima dell'uguale, altrimenti dovete capovolgere la frazione

  $N_1 + N_2 = 70 \quad N_1 = \frac{2}{5}N_2 \quad N_1 = ? \;\; N_2 = ?$
- esprimete le altre incognite in funzione di x;
- impostate l'equazione;
- risolvete l'equazione;
- ricavate le altre incognite.

Facciamo altri problemi per cercare di capire meglio cosa chiamare x.

Marco scherza sempre,
ma vediamo se riesce a risolvere questo problemino!

? La somma di due numeri consecutivi è 31. Determinate i due numeri.

Se la somma di due numeri è 31, un numero potrebbe essere 20 e l'altro 11. Cosa ne dici?

Che non sai cosa vuol dire consecutivi!

Forse è vero, ma di sicuro non so a cosa serva la matematica!

Se $N_1 = x$ e $N_2 = x+1$, perché consecutivi vuol dire uno di seguito all'altro... allora adesso che hai i due numeri imposta l'equazione.

Ok, torno subito!

Ma dove vai?

In posta! A ritirare l'equazione... l'hai detto tu!

Lascia stare, stai qui, tanto il tuo cervello ormai è stato spedito lontano...

$x + x + 1 = 31$
$2x = 31 - 1$
$2x = 30$
$x = \frac{30}{2} = 15 \; N_1$
$N_2 = 15 + 1 = 16$

Nooo! Mi ha rubato il quaderno! Spero che voi abbiate capito come si procede:

- chiamiamo x il numero più piccolo e x+1 il suo consecutivo (se viene dopo vuol dire che è aumentato di 1);
- impostiamo e risolviamo l'equazione;
- sostituiamo il valore trovato di x al posto di x+1 e troviamo il secondo numero.

Con le equazioni possiamo risolvere rompicapi come questo e come quelli che seguono...

? Valentina e Alberto ricevono in regalo per la promozione dagli zii una certa somma di denaro che non vogliono far sapere al fratello Luigi, che non ha ricevuto niente. La loro mamma, curiosa, chiede ai ragazzi quanto c'era nella busta e, dato che nella stanza è presente Luigi, Valentina dice alla mamma:

«Io ho già speso $\frac{1}{8}$ della somma per ricaricare il cellulare, Alberto ha speso 40 € per la maglia da calcio di Messi e ci restano ancora i $\frac{10}{16}$ della somma.» La mamma prova a pensare alla risposta di Valentina e, non avendo idea di come fare, chiede aiuto a noi. A quanto ammontava la somma data a Valentina e Alberto dagli zii?

Marco, cosa dici, come risolviamo questo problema?

Per me non è un problema da risolvere! Al massimo lo è per Luigi, che ha degli zii che fanno disparità e una mamma un po' troppo curiosa!

Ma noi dobbiamo scoprire quanti soldi gli zii hanno dato a Valentina e ad Alberto!

E perché? Mica siamo della finanza! Io mi faccio gli affari miei, non voglio guai!

Ho capito, come sempre il problema lo dovrò risolvere io!

Chiamiamo x la somma ricevuta da Valentina e Alberto.

DATI/INCOGNITE

DATI	INCOGNITE
prima spesa = $\frac{1}{8}$x (essendo $\frac{1}{8}$ della somma scriviamo $\frac{1}{8}\cdot$x ma il segno · si può non mettere e diventa $\frac{1}{8}$x)	somma ricevuta ?
seconda spesa = 40 €	
parte somma rimasta = $\frac{10}{16}$x	

$$x-\left(\frac{1}{8}x+40\right)=\frac{10}{16}x$$

impostiamo l'equazione : somma ricevuta (x) meno le parti già spese $\left(\frac{1}{8}x+40\right)$ deve essere uguale a quello che rimane $\left(\frac{10}{16}x\right)$

$$x-\frac{1}{8}x-40=\frac{10}{16}x$$

$$x-\frac{1}{8}x-\frac{10}{16}x=40$$

$$\frac{16-2-10}{16}x=40$$

$$\frac{4}{16}x=40$$

$$x=\cancel{40}^{10}\cdot\frac{16}{\cancel{4}_1}=\mathbf{160\ €}$$

somma ricevuta da Vale e Albi

? Trovate quel numero che sommato a 27 dia come risultato il quadruplo del numero stesso.

Chiamiamo x il numero da trovare.
Impostiamo l'equazione:

$$x+27=4x$$

il numero (x) + 27 deve essere uguale a 4 volte il numero cioè (4x)

$x + 27 = 4x$

$x - 4x = -27$

$-3x = -27$

✓ $x = \frac{-27}{-3} = \mathbf{9}$ il numero cercato è 9

Infatti: 27+9 = 36, che è il quadruplo di 9.

? La differenza tra un numero e i suoi 3/8 è uguale a 29 diminuito del triplo del numero stesso.

Chiamiamo sempre x il numero da trovare e traduciamo alla lettera quello che ci dice il testo:

$x - \frac{3}{8}x = 29 - 3x$ abbiamo scritto che la differenza tra il numero x e i suoi $\frac{3}{8}$, cioè $\frac{3}{8}x$, è = a 29 meno 3 volte il numero cioè 3x

$x - \frac{3}{8}x + 3x = 29$

$\frac{8 - 3 + 24}{8}x = 29$

$\frac{29}{8}x = 29$

✓ $x = \cancel{29}^{1} \cdot \frac{8}{\cancel{29}_{1}} = \mathbf{8}$ il numero cercato è 8

Vi potete sbizzarrire a risolvere ogni genere di problema; l'importante è chiamare x la cosa giusta. Provate a risolvere questi problemi impostando un'equazione...

ESERCIZIO 37

A La somma di due numeri è 75 e un numero è i $\frac{2}{3}$ dell'altro, trovate i due numeri.

B Un numero meno i suoi $\frac{2}{5}$ è uguale a 44 meno la sua metà. Trovate il numero.

Devo trovare il numero?

Sì…

Come fa di cognome? Guardo sull'elenco telefonico.

Lascia stare, come non detto…

C La somma di due numeri consecutivi è uguale al triplo del numero minore diminuito di 5. Trovate i due numeri.

D Federica e Federico acquistano una lavatrice e, d'accordo con il negoziante, daranno: $\frac{1}{5}$ del prezzo come acconto, i $\frac{3}{8}$ della somma rimanente alla consegna e il saldo, cioè 150 €, dopo 30 giorni. Quanto costa la lavatrice comprata dai due ragazzi?

Ma chi è il negoziante? Einstein?

E Su una nave da crociera si imbarcano 680 passeggeri. Se i passeggeri Italiani sono i $\frac{2}{5}$ dei passeggeri tedeschi e questi ultimi sono la metà dei passeggeri francesi, sapreste dire quanti sono i passeggeri di ogni Nazione?

LA FORMULA MAGICA

Sapete che tutte le formule sono equazioni?

Se impariamo a vederle come equazioni, non dobbiamo più imparare a memoria le formule inverse, ma le possiamo ricavare quando ne abbiamo bisogno. Partiamo da una formula molto semplice...

■ FORMULE PER CALCOLARE AREA, BASE E ALTEZZA

Area del triangolo ⟶ (base x altezza) : 2

$$A = \frac{b \cdot h}{2}$$

? Conosciamo il valore dell'area A e dell'altezza: dobbiamo trovare la misura della base. Calcoliamo b (che corrisponde alla nostra x).

$$A = \frac{x \cdot h}{2}$$

In un'equazione possiamo moltiplicare entrambi i membri per uno stesso numero; noi dobbiamo liberarci del 2 al denominatore, quindi moltiplichiamo per 2 sia il primo che il secondo membro così:

$$2A = \frac{x \cdot h}{\not{2}_1} \cdot \not{2}^1$$

semplifichiamo il 2 con il denominatore e lo togliamo mentre nell'altro membro rimane 2A

$$2A = hx$$

togliamo il simbolo · che nei monomi è sottinteso: tenete conto che A e h sono numeri, perché li conosciamo...

$$hx = 2A$$

porto a sinistra l'incognita e a destra l'area (ricordate: se si scambiano due termini non è necessario cambiare segno)

✓ $$x = \frac{2A}{h}$$

Base = doppia area diviso altezza

? In un triangolo l'area è di 360 cm² e l'altezza misura 18 cm, quanto misura la base?

Pongo la base b = x

$A = \frac{b \cdot h}{2}$ formula generale (questa dobbiamo saperla)

$360 = \frac{x \cdot 18}{2}$

$2 \cdot 360 = \frac{18x}{\not{2}_1} \cdot \not{2}^1$ x · 18 lo scrivo come monomio cioè 18x moltiplico entrambi i membri per 2 per togliere il denominatore

$720 = 18x$ sposto 18x a sinistra e 720 a destra

$18x = 720$

✓ $x = \frac{720}{18} = \mathbf{40\ cm}$ misura della base

Ricordate
Quando ci troviamo ad avere
720 = 18x
per il **2° principio di equivalenza** possiamo scambiare i termini senza cambiarli di segno, perché:

$-18x = -720$

$(-1) \cdot (-18x) = (-720) \cdot (-1)$ moltiplichiamo per (–1) entrambi i membri

$18x = 720$

Se lo sappiamo, questo possiamo farlo direttamente, evitando i passaggi.

6

? Conosciamo il valore dell'area e della base e dobbiamo trovare la misura dell'altezza. Calcoliamo h (che corrisponde alla nostra x).

$$A = \frac{b \cdot x}{2}$$

$$2A = \frac{b \cdot x}{\cancel{2}_1} \cdot \cancel{2}^1$$

così semplifichiamo il 2 con il denominatore e lo togliamo mentre nell'altro membro rimane 2A

$$2A = bx$$

tolgo il simbolo · che nei monomi è sottinteso, tenete conto che A e b sono numeri perché li conosciamo

$$bx = 2A$$

porto a sinistra l'incognita e a destra l'area (ricordate: se si scambiano due termini non è necessario cambiare segno)

✓ $$x = \frac{2A}{b}$$

altezza = doppia area diviso base

FORMULE PER CALCOLARE LA VELOCITÀ

Velocità = spazio/tempo $\quad\quad V = s/t$

? Un'automobile viaggia alla velocità di 120 km/h: quanto tempo impiegherà a percorre 480 Km?

Qualche giorno...

Perché?

Ho sentito alla radio che c'è coda in autostrada per lavori in corso...

L'incognita è il tempo lo dobbiamo ricavare dalla formula della velocità (tempo t = x).

$$120 = \frac{480}{x}$$

$$x \cdot 120 = \frac{480}{\cancel{x}} \cdot \cancel{x}$$

moltiplico tutti e due i membri per x per toglierla dal denominatore, così facendo a destra si semplifica e se ne va

$$x \cdot 120 = 480$$

✓ $$x = \frac{\cancel{480}^{4}}{\cancel{120}_{1}} = \mathbf{4h}$$

tempo necessario

Se invece del tempo vogliamo calcolare lo spazio, facciamo…

? Un'automobile che viaggia alla velocità di 120 km/h quanto spazio percorre in 4 h?

$$V = \frac{S}{t}$$

$$120 = \frac{x}{4}$$

moltiplico tutti e due i membri per 4

$$4 \cdot 120 = \frac{x}{\cancel{4}_{1}} \cdot \cancel{4}^{1}$$

$$480 = x$$

✓ $$x = \mathbf{480\ km}$$

chilometri percorsi

Potete divertirvi a trovare le formule inverse di tutte le formule che vi vengono in mente!

Grazie cara, ma io mi diverto in altri modi!

7

7.1 LA PROBABILITÀ

7.2 CALCOLO DELLA PROBABILITÀ MATEMATICA DI UN EVENTO

7.2.1 Evento semplice casuale
7.2.2 Evento impossibile
7.2.3 Evento certo

7.3 PROBABILITÀ TOTALE

7.3.1 Di eventi compatibili
7.3.2 Di eventi incompatibili

7.4 PROBABILITÀ COMPOSTA

7.4.1 Di eventi indipendenti
7.4.2 Di eventi dipendenti

7.1
LA PROBABILITÀ

La matematica si interessa, tra le tante cose, anche di probabilità. I primi trattati sulla probabilità risalgono al 1600 e si occupano di giochi d'azzardo, al tempo già molto di moda...

Piccola curiosità: la parola **azzardo** *in arabo significa «dado» e le prime scommesse si facevano proprio giocando a dadi. La probabilità di realizzarsi di un evento può essere "legata al caso", o "alea" che in latino significa «dado», e questo tipo di eventi vengono detti "eventi aleatori o casuali".*

Oh! Curioso! Ma pensavano tutti al dado?

Quasi come te!

Ma che dadi e dadi... A me il brodo non piace!

Riprendiamo! La parola "bookmakers", che fino a qualche anno fa ci ricordava solo persone o organizzazioni inglesi autorizzate a pagare le scommesse, molto lontane dal nostro mondo, oggi ci è familiare e le agenzie che organizzano scommesse in questi ultimi decenni si sono moltiplicate, proprio come i batteri del nostro capitolo 2!
La probabilità valutata dagli scommettitori (bookmakers) è una probabilità statistica, in quanto si basa sulle statistiche fatte precedentemente, analizzando le frequenze con cui si sono verificati gli eventi considerati.
Facciamo l'esempio di una partita di calcio.

? Giocano la squadra 1 e la squadra 2 e gli eventi che si potranno realizzare saranno:

- A. Vince la squadra 1
- B. Vince la squadra 2
- C. La squadra 1 e la squadra 2 pareggiano

A ognuno di questi eventi l'agenzia sportiva attribuisce un **valore "quota"** che ha determinato analizzando la potenzialità della squadra (posizione in classifica, forma fisica dei giocatori ecc.): più la squadra ha probabilità di vincere e minore sarà la quota che verrà associata all'evento, dato che le vincite verranno pagate moltiplicando l'importo giocato dallo scommettitore per la quota attribuita alla squadra.
Ritorniamo all'esempio:

	EVENTO	QUOTA
A	vince la squadra 1	1,90
B	vince la squadra 2	3,60
C	la squadra 1 e la squadra 2 pareggiano	3,30

Dal valore attribuito alle quote capiamo che:
- la squadra 1 ha molte probabilità di vincere (quota bassa);
- ci sono poche probabilità che le squadre pareggino e ancora meno che vinca la squadra 2 (quote più alte).

Se puntiamo 5 € su questa partita, la nostra vincita sarà calcolata moltiplicando l'importo giocato per la quota:

vince la squadra 1 — 5 € · 1,90 = 9,5 €
vince la squadra 2 — 5 € · 3,60 = 18 €
le squadre pareggiano — 5 € · 3,30 = 16,5 €

Io in questa giocata punto sull'evento "vince la squadra 2"!

Aspettavo la voce del ciuchino! Caro Marco, dato che i bookmakers non sono ingenui come te, se sono disposti a darti 18 € con una giocata di 5 €, vuol dire che ci sono pochissime probabilità che quell'evento si verifichi, quasi le stesse che tu riesca a capire qualcosa di questa materia!

Se si scommette sulla vincita di più squadre, e precisamente da 4 squadre in poi, si deve aggiungere un bonus che varia (4 squadre 2%, 5 squadre 4%, 6 squadre 8% ecc.). Naturalmente in questo caso si vince se si azzeccano tutte le squadre! Esempio di giocata: gioco 5 € su 4 partite e scelgo la vincita delle seguenti squadre a cui è stata attribuita una quota:

	EVENTO	QUOTA
A	vince la squadra 1	1,20
B	vince la squadra 2	1,10
C	vince la squadra 3	1,60
D	vince la squadra 4	2,50
	totale vincita: 5 € · (1,20 · 1,10 ·1,60 · 2,50) = 5 € · 5,28	26.40 € (più bonus del 2%)

E se la sospendono per pioggia, che quota danno?

Non lo so, ma sicuramente una quota sempre minore rispetto a quella prevista in caso tu riesca a fare una domanda sensata!

7.2

CALCOLO DELLA PROBABILITÀ MATEMATICA DI UN EVENTO

Fino a qui abbiamo visto che la probabilità statistica si basa soprattutto sulla frequenza con cui si è verificato un evento; ora analizziamo la probabilità matematica.
Gli eventi presi in considerazione possono essere:

- eventi casuali o aleatori;
  (possono o non possono realizzarsi)
- eventi certi (si realizzeranno sicuramente);
- eventi impossibili (non si potranno mai realizzare).

Eventi impossibili?
Tipo che io capisca la matematica?

Bravo! È la prima cosa giusta che dici!

Passiamo direttamente a un esempio, che sicuramente rende di più di tante parole…

Un dado ha 6 facce e su ogni faccia compare un numero da 1 a 6, lanciando un dado si possono verificare i seguenti eventi…

Primo caso: può uscire a caso una delle 6 facce con i numeri da 1 a 6:

evento casuale ⟶ {
esce il numero 1
o esce il numero 2
o esce il numero 3
o esce il numero 4
o esce il numero 5
o esce il numero 6

Secondo caso: lanciando il dado non può uscire una faccia con il numero 7:

evento impossibile ⟶ **esce il numero 7**

Terzo caso: lanciando il dado sicuramente uscirà una faccia con un numero da 1 a 6:

evento certo ⟶ **esce un numero da 1 a 6**

7.2.1 EVENTO SEMPLICE CASUALE

Definiamo evento semplice un evento considerato da solo, come il lancio di un **solo dado**.

Se lanci un dado può verificarsi anche un altro evento...

E cioè?

Che colpisci uno che passava di lì...

Indichiamo:

- con la lettera **E** un evento;
- con la lettera $\mathbf{P_E}$ la probabilità che esso si realizzi;

- con la lettera **f** tutti i casi favorevoli:

Cioè, se a priori dico:
che probabilità ho che lanciando un dado esca il numero 2?
Avremo un solo evento favorevole, in quanto in un dado abbiamo una sola faccia col numero 2.

Se invece dico:
che probabilità ho che lanciando un dado esca un numero pari? Gli eventi favorevoli saranno 3, dato che in un dado abbiamo tre facce con il numero pari, la faccia con il 2, quella con il 4 e quella con il 6.

- con la lettera **n** tutti i casi possibili, tutti quelli che possono presentarsi:

Se lancio un dado può uscire una delle sei facce e quindi i casi possibili sono 6.
Avremo che:
la probabilità che si realizzi un evento è uguale al rapporto tra il numero di casi favorevoli e il numero di casi possibili.

$$P_E = \frac{f}{n}$$

PRIMO ESEMPIO

? Calcoliamo la probabilità che lanciando un dado esca il numero 3.

$E =$	esce il numero 3
$P_E =$	probabilità che si realizzi l'evento E (esce il numero 3)
$f = 1$	f è uguale a 1 perché abbiamo solo una faccia in cui compare il numero 3
$n = 6$	in questo caso i casi possibili sono 6, perché può uscire una delle 6 facce del dado
$\mathbf{P_E = \frac{1}{6}}$	la probabilità che esca tre lanciando un dado è una su sei

SECONDO ESEMPIO

? Calcoliamo la probabilità che lanciando una moneta esca testa.

E = esce testa
f = 1 in una moneta 1 faccia corrisponde a testa
n = 2 la moneta ha due facce, una testa e una croce

V $\mathbf{P_E = \frac{1}{2}}$ la probabilità che esca testa è una su due

TERZO ESEMPIO

? Calcoliamo la probabilità che da un mazzo di 40 carte esca una donna.

E = esce una donna
f = 4 le donne in un mazzo di 40 carte sono 4
n = 40 le carte sono 40 e ne può uscire una a caso

V $\mathbf{P_E = \frac{\cancel{4}^{1}}{\cancel{40}_{10}} = \frac{1}{10}}$ la probabilità che esca testa è una su dieci

QUARTO ESEMPIO

? Calcoliamo la probabilità che da un sacchetto contenente 10 palline rosse, 3 palline nere e 5 palline verdi, esca una pallina nera.

E = esce pallina nera
f = 3 le palline nere sono 3 e corrispondono ai casi favorevoli
n = 10 + 3 + 5 = 18 totale delle palline, può essere estratta a caso una delle 18 palline

V $\mathbf{P_E = \frac{\cancel{3}^{1}}{\cancel{18}_{6}} = \frac{1}{6}}$ la probabilità che esca una pallina nera è una su sei

Se analizziamo i valori di P_E trovati vedremo che:

primo esempio $\mathbf{P_E} = \frac{1}{6}$ = 1:6 = **0,16 = 16%**

secondo esempio $\mathbf{P_E} = \frac{1}{2}$ = 1: 2 = **0,5 = 50%**

terzo esempio $\mathbf{P_E} = \frac{1}{10}$ = 1:10 = **0,1 = 10%**

quarto esempio $\mathbf{P_E} = \frac{1}{6}$ = 1:6 = **0,16 = 16%**

7

REGOLA DELLE PROBABILITÀ CHE SI REALIZZI UN EVENTO

La **probabilità che si realizzi un evento casuale** come quelli appena visti negli esempi è sempre un numero compreso tra 0 e 1 e noi, che oramai abbiamo confidenza con la matematica, possiamo scrivere:

$$0 < P_E < 1$$

La **probabilità che si realizzi un evento impossibile è sempre 0** perché il numero di casi favorevoli f è uguale a 0. Che probabilità ho che lanciando un dado esca il numero 7?

f = 0 non esiste una faccia con il numero 7

n = 6

$$P_E = \frac{0}{6} = 0$$

La **probabilità che si realizzi un evento certo è sempre 1** perché il numero di casi favorevoli f è uguale al numero di casi possibili n. Che probabilità ho che lanciando un dado esca a caso una delle 6 facce ?

f = 6 sicuramente uscirà una delle 6 facce

n = 6

$$P_E = \frac{6}{6} = 1$$

Che probabilità ho di diventare bravissimo in matematica, un matemago?

Ho appena detto che la probabilità matematica di un evento impossibile è 0!

Eppure in questo argomento mi sento preparato! Sai che probabilità ho di vincere a poker con i miei amici?

Penso pochissime!

Ti sbagli, cara! È un evento certo, quindi 1!

Ma come può essere un evento certo una partita a carte?

È un evento certo perché io baro!!!

E ti do ancora retta!!!

7.2.2 ESEMPIO DI EVENTO IMPOSSIBILE

? Calcoliamo la probabilità di estrarre una biglia nera da un sacchetto contenente 5 biglie rosse e 7 biglie verdi.

E =	esce una biglia nera
f = 0	non ci sono biglie nere
n = 5 + 7 = 12	numero biglie totali, può essere estratta a caso una di loro

$$\mathbf{P = \frac{0}{12} = 0}$$

7.2.3 ESEMPIO DI EVENTO CERTO

? Calcoliamo la probabilità di estrarre una biglia rossa da un sacchetto contenente 20 biglie rosse.

E =	esce una biglia rossa
f = 20	n = 20

$$\mathbf{P_E = \frac{20}{20} = 20 : 20 = 1}$$

ESERCIZO 38

A Calcolate la probabilità che lanciando una moneta esca croce.

B Calcolate la probabilità che da un sacchetto contenente 20 biglie bianche, 4 nere e 10 verdi sia estratta una biglia nera.

C Calcola la probabilità che da un sacchetto contenente 10 palline rosse, 10 bianche e 10 nere, sia estratta una pallina verde.

D Calcolate la probabilità che lanciando un dado esca un numero dispari.

7.3 PROBABILITÀ TOTALE

Gli eventi possono anche non essere considerati da soli, ma possono essere associati e diventare un **evento composto** che si definisce formato da **eventi parziali**.
In questo caso dobbiamo calcolare la probabilità totale e possiamo distinguere i seguenti casi:

probabilità totale → di eventi parziali compatibili
probabilità totale → di eventi parziali incompatibili

7.3.1 DI EVENTI COMPATIBILI

È possibile calcolare la probabilità totale di due o più **eventi compatibili** tra loro tali che **il verificarsi di uno non escluda il verificarsi dell'altro**.
Per esempio, se calcoliamo la possibilità di estrarre da un mazzo di 52 carte o una donna o una carta di picche, gli eventi non si escludono a vicenda in quanto può uscire una donna di picche che soddisfa entrambe le richieste.

E_1 = esce una donna
E_2 = esce una carta di picche

I casi favorevoli saranno le 4 donne presenti nel mazzo + le 13 carte di picche, ma dato che una delle 4 donne è anche di picche non la posso contare 2 volte e la tolgo dal totale:

$f_{tot.}$ = 4 donne + (13 carte di picche – 1) = 4 + 12 = 16
n = 52 totale carte

$$P_{E\,tot} = \frac{\cancel{16}^{\,4}}{\cancel{52}_{\,13}} = \frac{4}{13}$$

PROBABILITÀ TOTALE DI DUE EVENTI PARZIALI COMPATIBILI

La probabilità totale di due eventi parziali compatibili è data dalla somma delle singole probabilità meno le probabilità che si sovrappongono.

? Calcolate la probabilità che estraendo una carta da un mazzo di 40 carte essa sia un asso o una carta con un seme rosso.

E_1 = esce un asso
E_2 = esce una carta con seme rosso
$f_1 = 4$ in un mazzo ci sono 4 assi
$f_2 = 20$ 10 cuori rossi e 10 denari rossi

Dato che 2 carte sono sia rosse che assi (asso di cuori e asso di denari) dobbiamo togliere 2 dal totale, altrimenti li contiamo 2 volte:

$f_{tot.} = 4 + 20 - 2 = 22$

$$\mathbf{P_{E\,tot}} \frac{\cancel{22}^{11}}{\cancel{90}_{45}} = \frac{11}{45}$$

? Calcolate la probabilità che al gioco del lotto esca un numero pari o un numero divisibile per 5.

E_1 = esce un numero pari
E_2 = esce un numero divisibile per 5

I numeri del gioco del lotto vanno da 1 a 90 di cui:
i numeri pari sono 45
2, 4, 6, 8, 10, 12, 14, 16, 18, 20, 22, 24, 26, 28, 30, 32, 34, 36, 38, 40, 42, 44, 46, 48, 50, 52, 54, 56, 58, 60, 62, 64, 66, 68, 70, 72, 74, 76, 78, 80, 82, 84, 86, 88, 90

i numeri divisibili per 5 sono 18
5, **10**, 15, **20**, 25, **30**, 35, **40**, 45, **50**, 55, **60**, 65, **70**, 75, **80**, 85, **90**
(evidenzio i numeri pari divisibili per 5)

Calcoliamo i casi favorevoli:
$f_1 = 45$
$f_2 = 18$
$f_{tot.} = 45 + 18 - 9 = 54$ i 9 numeri divisibili per 5 e pari vanno tolti perché già conteggiati con i numeri pari

✓ $\mathbf{P_{E\,tot} = \frac{\cancel{54}^{\cancel{6}^{3}}}{\cancel{90}_{\cancel{10}_{5}}} = \frac{3}{5}}$

7.3.2 DI EVENTI INCOMPATIBILI

È possibile calcolare la probabilità totale di due o più **eventi incompatibili** tra loro tali che **il verificarsi di uno escluda il verificarsi dell'altro**.
Se per esempio calcoliamo la probabilità di estrarre da un sacchetto contenente 10 biglie bianche, 6 biglie verdi e 6 biglie nere, **o** una biglia verde **o** una biglia bianca, i due eventi si escludono a vicenda, perché **o** esce una biglia verde **o** esce una biglia bianca.

E_1 = esce una biglia verde
E_2 = esce una biglia bianca

In questo caso la probabilità totale sarà data dalla somma delle singole probabilità senza togliere niente dato che gli eventi non si sovrappongono:

$$\mathbf{P_{E\,tot} = P_{E1} + P_{E2}}$$

$P_{E1} = \frac{6}{22}$ (f = 6 biglie verdi n = 22 numero totole biglie)

$P_{E2} = \frac{10}{22}$ (f = 10 biglie bianche n =22 numero totale biglie)

$$P_{E\,tot} = \frac{6}{22} + \frac{10}{22} = \frac{6+10}{22} = \frac{\cancel{16}^{8}}{\cancel{22}_{11}} = \frac{8}{11}$$

PROBABILITÀ TOTALE DI DUE EVENTI PARZIALI INCOMPATIBILI

La probabilità totale di due eventi parziali incompatibili è data dalla **somma delle probabilità parziali**.

? Calcolate la probabilità di estrarre dal sacchetto contenente i numeri della tombola: un numero pari o il numero 17.

E_1 = esce un numero pari
E_2 = esce il numero 17

Il sacchetto della tombola contiene i numeri da 1 a 90 e i numeri pari sono:
2, 4, 6, 8, 10, 12, 14, 16, 18, 20, 22, 24, 26, 28, 30, 32, 34, 36, 38, 40, 42, 44, 46, 48, 50, 52, 54, 56, 58, 60, 62, 64, 66, 68, 70, 72, 74, 76, 78, 80, 82, 84, 86, 88, 90

In totale sono 45, quindi:
f = 45

$$P_{E1} = \frac{45}{90} = \frac{1}{2}$$

Il numero 17 è unico quindi f = 1

$$P_{E2} = \frac{1}{90}$$

$$P_{E\,tot} = \frac{1}{2} + \frac{1}{90} = \frac{45+1}{90} = \frac{\cancel{46}^{23}}{\cancel{90}_{45}} = \frac{23}{45}$$

7

? Calcolate la probabilità di estrarre da un mazzo di 40 carte o un asso di picche o una carta di cuori.

E_1 = esce un asso di picche
E_2 = esce una carta di cuori

$P_{E1} = \frac{1}{40}$ ($f_1 = 1$ un asso di picche)

$P_{E2} = \frac{10}{40} = \frac{1}{4}$ ($f_2 = 10$ 10 carte di cuori)

$$\mathbf{P_{E\,tot} = \frac{1}{40} + \frac{1}{4} = \frac{1+10}{40} = \frac{11}{40}}$$

Adesso provate voi, vi assegno alcuni esercizi senza specificare se gli eventi sono compatibili o incompatibili: cercate di capirlo da soli...

ESERCIZIO 39

A Un'urna contiene 35 palline rosse, 40 blu e 25 nere. Calcolate la probabilità che estraendo una pallina essa sia:
1) bianca o nera
2) rossa o blu

B Calcolate la probabilità di estrarre da un mazzo di 52 carte:
1) un fante o una carta di picche
2) una carta con seme nero o una donna di cuori

C Calcolate la probabilità che al gioco del lotto esca:
1) il numero 1 o il numero 90
2) il numero 50 o un numero pari

7.4
PROBABILITÀ COMPOSTA

Quando invece di considerare un solo evento semplice o un evento composto da eventi parziali consideriamo più eventi semplici che si debbano realizzare contemporaneamente parliamo di probabilità composta e possiamo distinguere i seguenti casi:

probabilità composta → eventi indipendenti
probabilità composta → eventi dipendenti

7.4.1 DI EVENTI INDIPENDENTI

Abbiamo analizzato finora la probabilità che si realizzi un dato evento, ora consideriamo un evento composto da più eventi semplici indipendenti, tali che il verificarsi di uno non ha alcuna influenza sul verificarsi dell'altro (o degli altri).
Se, per esempio, consideriamo due dadi e calcoliamo la probabilità che lanciando i due dadi dal primo esca 4 e dal secondo esca 5.

E_1 = esce 4
E_2 = esce 5

Ci rendiamo conto che quello che esce dal lancio del primo dado non può influire su quello che uscirà dal lancio del secondo dado.
Calcoliamo le probabilità per ogni dado:

$$P_{E1} = \frac{1}{6} \qquad (f = 1 \quad n = 6)$$

$$P_{E2} = \frac{1}{6} \qquad (f = 1 \quad n = 6)$$

7

La probabilità composta si calcola moltiplicando tra loro le probabilità dei singoli eventi semplici:

$$\mathbf{P_{E1e2} = P_{E1} \cdot P_{E2} = \frac{1}{6} \cdot \frac{1}{6} = \frac{1}{36}}$$

Naturalmente, più eventi mettiamo insieme e minori saranno le probabilità che si realizzino contemporaneamente, in questo caso abbiamo 1 probabilità su 36.

PROBABILITÀ COMPOSTA DI DUE EVENTI INDIPENDENTI

La probabilità composta di due eventi indipendenti è data dal **prodotto delle singole probabilità**.

? Calcolate la probabilità che lanciando due dadi escano dal primo un numero pari e dal secondo un numero dispari.

E_1 = esce un numero pari
E_2 = esce un numero dispari

$P_{E1} = \frac{\not{3}^{1}}{\not{6}_{2}} = \frac{1}{2}$ (f = 3 ci sono 3 facce con i numeri pari con 2, 4 e 6 n= 6 sei facce del dado)

$P_{E2} = \frac{\not{3}^{1}}{\not{6}_{2}} = \frac{1}{2}$ (f = 3 ci sono 3 facce con i numeri dispari con 1, 3 e 5 n= 6 sei facce del dado)

✓ $P_{E1e2} = \frac{1}{2} \cdot \frac{1}{2} = \mathbf{\frac{1}{4}}$ moltiplico le singole probabilità

? Calcolate la probabilità di estrarre da un'urna contenente 10 palline rosse, 20 bianche e 15 nere due palline: la prima pallina nera, e, rimettendola nell'urna, di estrarre la seconda pallina bianca.

E_1 esce una pallina nera
E_2 esce una pallina bianca

$$P_{E1} = \frac{\cancel{15}^{1}}{\cancel{45}_{3}} = \frac{1}{3}$$ (f = 15 palline nere
n = 10 + 20 + 15 = 45 totale palline)

$$P_{E2} = \frac{\cancel{20}^{4}}{\cancel{45}_{9}} = \frac{4}{9}$$ (f = 20 palline bianche
n = 45 totale palline)

$$P_{E1e2} = \frac{1}{3} \cdot \frac{4}{9} = \mathbf{\frac{4}{27}}$$

7.4.2 DI EVENTI DIPENDENTI

Se gli eventi che prendiamo in considerazione dipendono uno dall'altro le cose si complicano un po'!
Esempio: in un'urna ci sono 10 biglie rosse, 10 bianche e 10 nere e vogliamo calcolare la probabilità che estraendo due biglie e non rimettendo nell'urna la prima estratta, siano entrambe bianche.
Che probabilità abbiamo che le biglie siano entrambe bianche?

E_1 = esce una biglia bianca
E_2 = esce una biglia bianca

Dobbiamo fare una considerazione: dato che dopo la prima estrazione non rimettiamo la biglia nell'urna, le biglie rimaste saranno 29 (casi possibili) e non più 30 e la biglie bianche saranno 9, perché stiamo esaminando la probabilità che siano entrambe bianche, e quindi diamo per scontato che alla prima estrazione sia uscita una pallina bianca.
La prima probabilità sarà quindi calcolata con f=10 e n=30:

$$P_{E1} = \frac{10}{30} = \frac{1}{3}$$

Mentre, la seconda probabilità sarà calcolata con:
f = 9 e n = 29

7

✓ $P_{E2} = \frac{9}{29}$

La probabilità composta degli eventi 1 e 2 è data dal prodotto delle probabilità dei singoli eventi:

✓ $P_{E1e2} = \frac{1}{\cancel{3}_1} \cdot \frac{\cancel{9}^3}{29} = \mathbf{\frac{3}{29}}$ che corrisponde a 10,34 probabilità su 100!

Come fai a dire che 3 su 29 corrisponde a 10,34 su 100?

NOOO! Ma dove sei stato fin'ora?
Devi impostare la proporzione per calcolare la percentuale!
Ricordi il capitolo 4!?
$3 : 29 = x : 100$

$$x = 3 \cdot \frac{100}{29} = 10{,}34\%$$

Sicuramente voi c'eravate arrivati!

PROBABILITÀ COMPOSTA DI DUE EVENTI DIPENDENTI

La probabilità composta di due eventi dipendenti è data dal prodotto delle singole probabilità, supponendo che il primo evento si sia verificato.

? In una scatola di caramelle ci sono 15 caramelle alla menta, 20 alla fragola e 10 al mirtillo, calcolate la probabilità che estraendo 3 caramelle senza rimetterle nella scatola esse siano nell'ordine: alla menta, al mirtillo, alla menta.

E_1 = esce una caramella alla menta
E_2 = esce una caramella al mirtillo
E_3 = esce una caramella alla menta

$P_{E1} = \frac{\cancel{15}^{1}}{\cancel{45}_{3}} = \frac{1}{3}$ (f = 15 caramelle menta
n = 15 + 20 + 10 = 45 tot caramelle)

$P_{E2} = \frac{\cancel{10}^{5}}{\cancel{44}_{22}} = \frac{5}{22}$ (f = 10 caramelle mirtillo n = 45 – 1 = 44
totale caramelle dopo la prima estrazione)

$P_{E3} = \frac{14}{43}$ (f= 15 – 1 = 14 caramelle menta dopo
la prima estrazione n = 44 – 1 = 43 totale
caramelle dopo la seconda estrazione)

$P_{E1,2e3} = \frac{1}{3} \cdot \frac{5}{\cancel{22}_{11}} \cdot \frac{\cancel{14}^{7}}{43} = \mathbf{\frac{35}{1.419}}$

Guardando il risultato ottenuto possiamo fare una considerazione: più eventi ci prefiggiamo di far realizzare e minori sono le probabilità che si realizzino.

Vi assegno gli esercizi, fate un ultimo sforzo...

ESERCIZIO 40

A In un'urna ci sono 100 palline di cui: 35 bianche, 30 nere, 15 verdi e 20 gialle. Calcolate la probabilità di estrarre due palline, rimettendo la prima estratta nell'urna, che siano:
primo caso, una gialla e una verde
secondo caso, tutte e due gialle

B In un barattolo ci sono tre tipi di biscotti così assortiti: 20 krumiri, 30 biscotti di Novara e 18 savoiardi avvolti in sacchetti, così non si distinguono al tatto. Calcola la probabilità in percentuale di estrarre tre biscotti e di mangiarli appena estratti, che siano: il primo un krumiro, il secondo un savoiardo e il terzo un biscotto di Novara.

Questo esercizio lo faccio io!

C In un armadio ci sono due barattoli, nel primo barattolo ci sono caramelle di canditi assortite, 15 arancioni, 10 verdi e 8 gialle; nel secondo ci sono cioccolatini di tre tipi: 8 gianduiotti, 5 fondenti e 6 cremini. Calcolate la probabilità di estrarre dal primo barattolo 2 caramelle, rimettendo la prima estratta nel barattolo, che siano una arancione e una verde. Calcolate la probabilità di estrarre dal secondo barattolo 3 cioccolatini, mangiando ogni volta quello estratto, che siano 2 cremini e uno fondente.

Se fossero stati gianduiotti avrei fatto anche questo!

Voglio concludere questo libro in bellezza facendo una domanda a Marco...

Marco, sapresti dirmi che differenza c'è tra la probabilità statistica e quella matematica?

Certo, la stessa che c'è tra me è te!

Cosa stai dicendo?

La prima si basa sulle frequenze degli eventi tipo "Non fallisco mai con le ragazze e quindi se telefono a una velina uscirà sicuramente con me!" oppure "Sono un ragazzo fortunato e se gioco a carte vincerò sicuramente!"... E la seconda si basa sulle certezze!

E allora?

E tu sei certamente una rompi...!

1 3
4 6

8

Risultati Capitolo 1

ESERCIZIO 1

- A 30
- B 150
- C 185
- D 37
- E 123
- F 190

ESERCIZIO 2

- A 37
- B 14
- C 109
- D 34
- E 10

ESERCIZIO 3

- A 2,6
- B 2
- C 6
- D 6
- E 6

ESERCIZIO 4

A $44 \times 10 = 440$
$44 \times 100 = 4.400$
$44 \times 1000 = 44.000$

B 65 : 10 = **6,5**
65: 100 = **0,65**
65 : 1.000 = **0,065**

C $5,67 \times 10 =$ **56,7**
$5,67 \times 100 =$ **567**
$0,567 \times 1.000 =$ **567**

D 63,12 : 10 = **6,312**
631,2 : 100 = **6,312**
631,2 : 1.000= **0,6312**

E 4.973,22 : 100 = **49,7322**
$4.973,22 \times 100 =$ **497.322**
4.973,22 : 1.000 = **4,97322**

ESERCIZIO 5

- A 37,04 €
- B No, mancano 6,40 €
- C 35,6 €

ESERCIZIO 6

- A M = 16 A = 29
- B G = 5 F = 9 V = 24
- C $N_1 = 21$ $N_2 = 63$
- D $N_1 = 60$ $N_2 = 15$
- E N = 5 € A = 10 € P = 20 €
- F $t_{sugo} = 0,5$ h = 30 min
  $t_{torta} = 1,5$ h = 1 h 30 min

Risultati Capitolo 2

ESERZIO 7

- A 8; 16; 81; 49; 729; 144; 1.331
- B 5^9
- C 2^6
- D 125^{14}
- E $9^0 = 1$
- F 34^{24}
- G 3^8
- H 11^{14}
- I 144
- L 24^{16}
- M 108^2
- N 12

ESERCIZIO 8

- A 0
- B 7
- C 225
- D 37
- E 1

ESERCIZIO 9

- A $6^2 = 36$
- B $4^3 = 64$
- C $12^3 = 1.728$

Risultati Capitolo 3

ESERCIZIO 10

- A 4-8-12-16-20-24-28-32-36-40
- B 2-4-5-8-10-20-40
- C 13-26-39-52-65-78-91-104-117-130-143-156-169
- D divisori di 100: 2-4-5-10-20-25-50-100
  divisori di 1.000: 2-4-5-8-10-20-25-40-50-100-125-200-250-500-1.000
- E multipli: 12-24-36-48-60-72-84-96-108-120
  divisori. 2-3-4-6-12

ESERCIZIO11

- A $144 = 2^4 \cdot 3^2$
  $216 = 2^3 \cdot 3^3$
  $120 = 2^3 \cdot 3 \cdot 5$
- B $735 = 3 \cdot 5 \cdot 7^2$
  $484 = 2^2 \cdot 11^2$
  $800 = 2^5 \cdot 5^2$
- C $1.080 = 2^3 \cdot 3^3 \cdot 5$
  $3.780 = 2^2 \cdot 3^3 \cdot 5 \cdot 7$
  $1.215 = 3^5 \cdot 5$
- D $715 = 5 \cdot 11 \cdot 13$
  $3.519 = 3^2 \cdot 17 \cdot 23$
  $722 = 2 \cdot 19^2$
- E $5.040 = 2^4 \cdot 3^2 \cdot 5 \cdot 7$
  $1.000 = 2^3 \cdot 5^3$
  $1.530 = 2 \cdot 3^2 \cdot 5 \cdot 17$

ESERCIZIO 12

A 150

B 48

C 375

D 4680

E 1224

ESERCIZIO 13

A $\frac{36}{60}; \frac{8}{60}; \frac{35}{60}$

B $\frac{220}{720}; \frac{252}{720}; \frac{225}{720}$

C $\frac{476}{112}; \frac{63}{112}; \frac{88}{112}$

D $\frac{39}{260}; \frac{120}{260}; \frac{70}{260}$

E $\frac{9}{360}; \frac{24}{360}; \frac{8}{360}$

ESERCIZIO 14

A $\frac{31}{35}$

B $\frac{19}{8}$

C $\frac{57}{10}$

D $\frac{49}{12}$

E $\frac{97}{28}$

ESERCIZIO 15

A $\frac{35}{24}$

B 3

C $\frac{109}{60}$

D $\frac{54}{7}$

E $\frac{352}{225}$

ESERCIZIO 16

A $\frac{19}{10}$

B $\frac{11}{13}$

C $\frac{7}{6}$

D $\frac{113}{48}$

E 2

ESERCIZIO17

A $\frac{3}{7}$

B $\left(\frac{1}{6}\right)^3 = \frac{1}{216}$

C $\left(\frac{3}{2}\right)^{12}$

D $\frac{11}{8}$

E $\frac{8}{27}; \frac{1}{49}; \frac{9}{4}; \frac{1}{16}; 125$

ESERCIZIO 18

A M per occhiali 120 €
M per amici 180 €

B intero importo 7.800 €
per saldo 6.600 €

C A = 245 € F = 280 €

D notti fatte = 6
notti totali = 14

Risultati Capitolo 4

ESERCIZIO 19

A si

B no

C si

D si

E no

F si

ESERCIZIO 20

A x = 45

B x = 6

C $x = \frac{2}{5}$

D $x = \frac{104}{135}$

E $x = \frac{35}{22}$

F $x = \frac{5}{96}$

ESERCIZIO 21

A 6 : 78 = 3 : 39

B 3 : 6 = 39 : 78

C 78 : 39 = 6 : 3

D 1°
(78 + 6) : 78 = (39 + 3) : 39
84 : 78 = 42 : 39
2°
(78 + 6) : 6 = (39 + 3) : 3
84 : 6 = 42 : 3

E 1°
(78 – 6) : 78 = (39 – 3) : 39
72 : 78 = 36 : 39
2°
(78 – 6) : 6 = (39 – 3) : 3
72 : 6 = 36 : 3

F 9 : 105 = 15 : 175
105 : 9 = 175 : 15
105: 175 = 9 : 15
175 : 105 = 15 : 9
175 : 15 = 105 : 9
15 : 175 = 9 : 105
15 : 9 = 175 : 105
9 : 15 = 105 : 175
9 : 105 = 15 : 175

ESERCIZIO 22

A 300 g

B 2,2 kg

C è più conveniente il tipo A: 350 g di tipo A costano 2,73 €

D 37,5 km

E 1° 0,0037 €/g
2° 0,0041 €/g
1° 268,45 g con 1 €
2° 240,96 g con 1 €
è più conveniente il 1°

ESERCIZIO 23

A x = 31,2 l

B x = 2.000 scatole

C x = 12 h

D 5 rotoli

E Aldo = 250 €
Mauro = 200 €
Andrea = 300 €

F A = 20.000 €
B = 11.000 €
C = 16.000 €
D = 9.000 €

ESERCIZIO 24

A maxidetersivo 13,98€
pannolini 20,16 €
bagnoschiuma 5,08 €
det. pavimenti 2,68 €

B 430 €

C 40%

Risultati Capitolo 5

ESERCIZIO 25

A d ; c; o; c; o; d

B 3; 14; 9; 2; 16; 6

C +3>–6 –5>–7
+13<+19 –25<–12
+4=+4

ESERCIZIO 26

A +4

B –24

C +14

D 0

E +24

ESERCIZIO 27

A –19

B +9

C +25

D –6

E –410

ESERCIZIO 28

A +12

B +60

C –89

D –35

E –62

ESERCIZIO 29

A –7; +7; –3; +2

B –4

C –7

D –5

E –3

ESERCIZIO 30

A –3

B –18

C +7

D –49

E –2

ESERCIZIO 31

A $\frac{9}{32}$

B $\frac{8}{7}$

C -7

D $\frac{25}{12}$

E $\frac{23}{100}$

ESERCIZIO 32

A $-125; +1024; +\frac{243}{32}; \left(-\frac{2}{5}\right)^6$

B $+9; +9; +\frac{3}{2}; -216$

C $+729; +729; -27; +\frac{1}{729}; +729$

D $+\frac{16}{81}; \left(-\frac{1}{2}\right)^7; \left(+\frac{3}{2}\right)^{10}$

E $+256; +16$

ESERCIZIO 33

A $\frac{242}{45}$

B $+\frac{4}{3}$

C $-\frac{11}{2}$

D $+\frac{25}{4}$

E $+\frac{28}{75}$

ESERCIZIO 34

A $+ab$

B $a^2b + 9\ abx$

C $-\frac{9}{4}\ a^2bc$

D $+ 8\ xy^2 + 11\ xy$

E $-\frac{3}{2}\ ab^2c^3\ -\frac{19}{72}\ abx$

ESERCIZIO 35

A $+\frac{13}{6}\ x^4y^3c$

B $- 7\ a^3b^2$

C $-\frac{45}{2}x^4$

D $+\frac{40}{3}\ a^2b$

E $\frac{17}{52}$

Risultati Capitolo 6

ESERCIZIO 36

A $x = -\frac{3}{5}$

B $x = + 24$

C $x = +\frac{17}{9}$

D $x = +\frac{9}{13}$

E $x = \frac{0}{0}$ ind.

ESERCIZIO 37

A $N_1 = 30$ $N_2 = 45$

B n = 40

C 6; 7

D 300 €

E T= 200   I = 80   F = 400

Risultati Capitolo 7

ESERCIZIO 38

A $P_{(croce)}\ \frac{1}{2}$

B $P_{(nera)}\ \frac{2}{17}$

C $P_{(verde)}\ 0$

D $P_{(dispari)}\ \frac{1}{3}$

ESERCIZIO 39

A 1) $P_{(bianca\ o\ nera)}\ \frac{1}{4}$

2) $P_{(rossa\ o\ blu)}\ \frac{3}{4}$

B 1) P $\frac{4}{13}$

2) P $\frac{27}{52}$

C 1) P $\frac{1}{45}$

2) P $\frac{1}{2}$

ESERCIZIO 40

A 1) P $\frac{3}{100}$

2) P $\frac{1}{25}$

B P 10,40%

C 1° barattolo P $\frac{50}{363}$

2° barattolo P $\frac{25}{969}$

INDICE

Tutti i numeri di questo libro p 8

CAPITOLO 1

1.1 LE QUATTRO OPERAZIONI p 13
1.1.1 Addizione p 13
1.1.2 Sottrazione p 14
1.1.3 Moltiplicazione p 15
1.1.4 Divisione p 15
1.1.5 Lo "zero" nelle operazioni p 17
1.1.6 Espressioni con le quattro operazioni p 18
Lezione I – Espressioni senza le parentesi p 18
Lezione II – Espressioni con le parentesi p 25

1.2 I NUMERI DECIMALI (CON LA VIRGOLA) p 28
1.2.1 Operazioni con i numeri decimali p 29
Lezione III – Mettiamoli in colonna p 29
1.2.2 Espressioni con i numeri decimali con le parentesi p 35
Lezione IV – Espressioni decimali con le parentesi p 35
1.2.3 Moltiplichiamo e dividiamo per 10, 100, 1.000... p 37

1.3 I PROBLEMI p 39
1.3.1 Problemi risolvibili con le quattro operazioni p 40
1.3.2 Problemi risolvibili con le espressioni p 49

1.4 RISOLVERE I PROBLEMI CON IL METODO GRAFICO p 55
1.4.1 Conosco la somma e la differenza di due grandezze p 56
1.4.2 Conosco la somma di tre o più grandezze e di quanto una supera l'altra p 60
1.4.3 Conosco la somma di due grandezze e so che una è il doppio, triplo ecc. rispetto all'altra... p 62
1.4.4 Conosco la differenza di due grandezze e so che una è il doppio, triplo ecc. rispetto all'altra... p 65

PUÒ SEMPRE SERVIRE Fare la spesa p 69

CAPITOLO 2

2.1 IL CONCETTO DI POTENZA p 75
2.1.1 Elevare a potenza un numero p 75
2.1.2 Alcuni casi particolari p 76

2.2 LE PROPRIETÀ DELLE POTENZE p 80
2.2.1 Prodotto di potenze con ugual base e diverso esponente p 80

2.2.2	Quoziente (il quoziente è il risultato della divisione) di potenze con ugual base e diverso esponente	p 81
2.2.3	Prodotto di potenze con diversa base e ugual esponente	p 81
2.2.4	Quoziente di potenze con diversa base e ugual esponente	p 82
2.2.5	Potenza di una potenza	p 83
2.3	ESPRESSIONI CON LE POTENZE	p 84
	Lezione I – Espressioni con le potenze senza le parentesi	p 85
	Lezione II – Espressioni con le potenze con le parentesi	p 87
2.4	CENNI AI PROBLEMI CON LE POTENZE	p 90
	PUÒ SEMPRE SERVIRE Il sistema metrico decimale	p 94

CAPITOLO 3

3.1	MULTIPLO E DIVISORE	p 99
3.2	I NUMERI PRIMI	p 104
3.3	SCOMPOSIZIONE DI UN NUMERO IN FATTORI PRIMI	p 105
3.3.1	Metodo delle divisioni successive	p 106
3.3.2	Criteri di divisibilità per 2, 3, 4, 5, 11…	p 108
3.4	MINIMO COMUNE MULTIPLO (m.c.m.)	p 112
3.4.1	Metodo per calcolare il m.c.m.	p 112
3.4.2	Alcuni casi particolari	p 117
3.5	LE FRAZIONI	p 120
3.5.1	Valore di una frazione	p 121
3.5.2	Trasformazione di due frazioni in frazioni equivalenti (aventi lo stesso m.c.d.)	p 122
3.5.3	Confronto di frazioni	p 125
3.6	OPERAZIONI CON LE FRAZIONI	p 130
3.6.1	Riduzione ai minimi termini (semplificazione)	p 130
3.6.2	Addizione di frazioni	p 132
3.6.3	Sottrazione di frazioni	p 140
3.6.4	Moltiplicazione di frazioni	p 143
3.6.5	Divisione di frazioni	p 145
3.6.6	Potenze di frazioni	p 148
3.7	PROBLEMI CON LE FRAZIONI	p 150
	PUÒ SEMPRE SERVIRE Questione di eredità	p 160

CAPITOLO 4

4.1 RAPPORTO TRA GRANDEZZE p 165

4.1.1 Rapporto tra grandezze omogenee p 166
4.1.2 Rapporto tra grandezze non omogenee p 166
4.1.3 Le scale p 167

4.2 LE PROPORZIONI p 169
4.2.1 Calcolo del termine incognito p 172
4.2.2 Proporzioni con le frazioni p 176

4.3 PROPRIETÀ DELLE PROPORZIONI p 180
4.3.1 Invertire p 180
4.3.2 Permutare p 181
4.3.3 Comporre p 181
4.3.4 Scomporre p 182

4.4 PROBLEMI CON RAPPORTI E PROPORZIONI p 187

4.5 GRANDEZZE DIRETTAMENTE E INVERSAMENTE PROPORZIONALI p 195
4.5.1 Problemi del tre semplice p 198
4.5.2 Ripartizione diretta p 206

4.6 LA PERCENTUALE p 213

PUÒ SEMPRE SERVIRE Gradi, miglia e 3x2 p 219

CAPITOLO 5

5.1 I NUMERI RELATIVI p 225

5.1.1 Confronto di numeri relativi p 228

5.2 OPERAZIONI CON I NUMERI RELATIVI INTERI p 230
5.2.1 Addizione con i numeri relativi interi p 230
5.2.2 Sottrazione con i numeri relativi interi p 234
Lezione I – Togliere le parentesi p 238
Lezione II – Espressioni algebriche con addizioni e sottrazioni p 241
5.2.3 Moltiplicazione con i numeri relativi interi p 243
5.2.4 Divisione con i numeri relativi interi p 247
Lezione III – Espressioni con le quattro operazioni p 249

5.3 OPERAZIONI CON I NUMERI RELATIVI RAZIONALI (FRAZIONI) p 252
5.3.1 Addizione con i numeri relativi razionali p 252
5.3.2 Sottrazione con i numeri relativi razionali p 253
5.3.3 Moltiplicazione con i numeri relativi razionali p 253

5.3.4 Divisione con le frazioni p 254
Lezione IV – Espressioni algebriche con le frazioni p 254

5.4 POTENZE DI NUMERI RELATIVI p 260
5.4.1 Le proprietà delle potenze p 262

5.5 ALGEBRA CON LE LETTERE p 270
5.5.1 I monomi p 270
5.5.2 Addizione algebrica di monomi p 273
5.5.3 Moltiplicazione di monomi p 278
5.5.4 Divisione di monomi p 280
Lezione V – Espressioni con i monomi (quattro operazioni) p 282
5.5.5 Potenze di monomi p 284
Lezione VI – Espressioni con le quattro operazioni e le potenze p 285

PUÒ SEMPRE SERVIRE Il bilancio familiare p 287

CAPITOLO 6

6 .1 LE EQUAZIONI p 293
6.1.1 Il primo principio di equivalenza p 295
6.1.2 Il secondo principio di equivalenza p 297

6.2 PROBLEMI RISOLVIBILI CON LE EQUAZIONI p 304

PUÒ SEMPRE SERVIRE La formula magica p 312

CAPITOLO 7

7.1 LA PROBABILITÀ p 319

7.2 CALCOLO DELLA PROBABILITÀ MATEMATICA DI UN EVENTO p 322
7.2.1 Evento semplice casuale p 323
7.2.2 Esempio di evento impossibile p 327
7.2.3 Esempio di evento certo p 327

7.3 PROBABILITÀ TOTALE p 328
7.3.1 Di eventi compatibili p 328
7.3.2 Di eventi incompatibili p 330

7.4 PROBABILITÀ COMPOSTA p 333
7.4.1 Di eventi indipendenti p 333
7.4.2 Di eventi dipendenti p 335

Risultati degli esercizi P 341